王星
變矮了？

WHO DWARFED PLUTO?

德國 海德堡大學天文學博士
高爽／著

臺灣 中央大學天文所博士
李昫岱／審訂

潮汐才不是因為地球在轉、座鐘不能用來測量經度！
那些成功的天文學家背後，都有一場足以被深刻銘記的偉大失敗。

獻給我的家人李淳和高若尋，

他們忍受了我的很多碎碎念和壞脾氣，

但總是興致勃勃地聽我講故事。

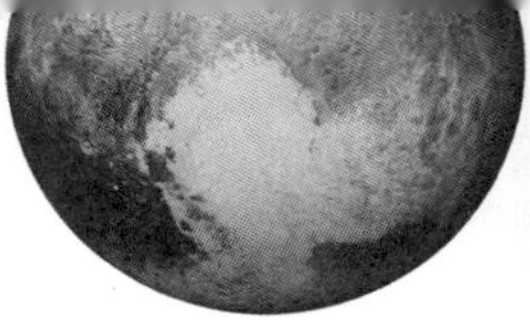

目錄

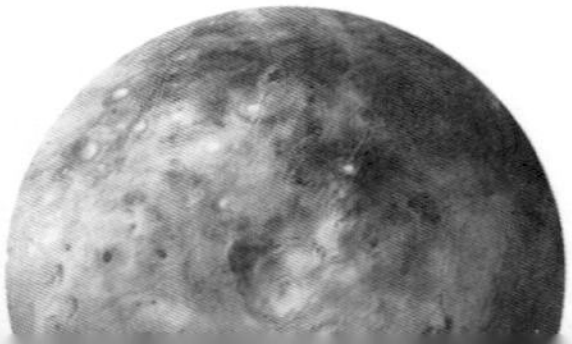

序　一曲獻給失敗的讚歌

大部分科普書，尤其是天文學科普書，為我們展現了人類探索宇宙所取得的輝煌成就。天文學家就像打怪升級的傳奇英雄，金光閃閃，眾星捧月。關於科學史的科普，展現的是歷史上的成功。關於尖端科學的科普，展現的是當下的成功。而我，希望在這本書中選取一個比較古怪的方向，聊聊天文學家的失敗。

我這麼做，是要破解我們對失敗的三種偏見。

偏見一：失敗很可怕

我們真的很害怕失敗。

人類會調動原始的恐懼、羞愧、厭惡和憤怒等負面情緒來對待失敗。小到一次考試失利，大到國家級的重大專案失敗，失敗的陰霾會覆蓋在每一位參與者頭上。

但失敗不會因為我們厭惡它就自動消失。失敗總要來臨，害怕失敗的我們往往假裝看不見它的存在。我們刻意迴避失敗，就像《哈利・波特》中的巫師不敢談論佛地魔一樣懼怕談論失敗。我們隱匿失敗，把失敗編造和美化成另一副模樣。鄧布利多校長告訴哈利・波特，就叫他佛地魔吧，對一個名稱的恐懼會強化對這個事物本身的恐懼。

偏見二：天道酬勤，堅持就是勝利

「某科學家實驗了幾百次，終於發現了某某結果……」我們聽過不少類似的故事，我們為科學探索的過程打造了重複實驗和勤奮獻身的劇本。但實際情況是，很多失敗伴隨終生，直到幾代人之後，也沒能夠破解失敗的道理。

還有很多失敗，並非從一開始就註定失敗。失敗往往出現在美好的成就之後。諭示安全的小路到此為止，荒原將在你面前展開。有太多偉大的天文學家在取得偉大的成就之後就開始犯錯，開始鑽牛角尖，開始失敗。他們的經驗不可謂不豐富，他們掌握的資源不可謂不充分，他們對科學探索的熱忱不可謂不強烈，他們完全始於理解宇宙真相的初心，堅持工作下去，但就是遠離正確答案。

因此，堅持不一定換來成功，比油門更重要的是方向盤。

偏見三：失敗是成功之母

我們也被這樣鼓勵過：「失敗了沒關係，失敗是成功之母。」的確，在成功到來之前，我們能見到的只有失敗的樣子。甚至很多時候，不經歷失敗中足夠多的苦難，也很難造就成功的果實。

但我絕對沒有頌揚苦難的意思。失敗和苦難本身不具備什麼特殊的意義。簡單地把失敗的次數累積起來，也無法兌換成功。只有對失敗的不甘心、反思及另闢蹊徑才有意義。就像愛因斯坦所說的，產生問題的思維方式無法解決這個問題。我從天文學家失敗的故事中學到的是，失敗中隱藏著種子。西芒托學院沒能測得光速，才讓科學家對光的運行保持警惕。赫歇耳得出荒謬的銀河系結構，才引發了人們對星際介質的探索。勒維耶找不到祝融星，才為廣義相對論提供了最有力的證據。皮亞齊弄丟了穀神星，才催生了高斯的數學方法……種子在時間的澆灌下，生機勃勃地成長起來，這才有了意義。

失敗不一定孕育成功，反思才是成功之母。

對失敗的這些偏見一直影響著我們，影響著人類的科學。科學從未擺脫失敗，與其說它積累了步步成功的腳印奮勇前進，不如說它是伴隨著次次失敗蹣跚而來。厭惡失敗是正常的，勤奮工作也是美德，面對困難繼續堅持也是一種盼望。但我們追求成功、勤奮投入以及堅持不懈，並非因為這麼做可以讓科學的某棵蘋果樹，結出成功的果實，而是期望這麼做能讓果實更加豐碩。

畑村洋太郎是日本東京大學的教授，曾任事故調查驗證委員會委員長，協助日本政府調查東京電力公司福島第一核電站事故。他在著作《失敗學》中暢想有一天要設立一座「失敗博物館」。他說：「我期待著失敗博物館這類場所的設立，能夠改變目前對失敗消極的固有印象。」

言外之意，失敗的迷霧之中隱藏著詩意和理性之光。

天文學是一門特殊的學科。天文學考慮的問題往往具有千百年的漫長時間跨度和數億光年的巨大空間尺度。這樣的時間跨度和空間尺度遠遠超越了每一個人類課題的生活尺度。吾生有涯而知無涯，怎麼辦呢？

自從伽利略用望遠鏡指向天空，天文學家就開始持續觀測太陽。望遠鏡觀測到的太陽上有大小不一的黑色斑點，即太陽黑子。太陽黑子的位置、尺寸大小和數量隨時發生變化。幾百年來，大量默默無聞的天文學家觀測太陽，把太陽黑子的樣貌描繪了出來。這樣的工作需要持續不斷地每天進行，幾代天文學家將自己的生命奉獻於日復一日地描繪太陽上面。天文學家史瓦貝（Samuel Heinrich Schwabe）像幾位前輩一樣，每天觀測並描繪太陽黑子，持續了十七年。他把前人的工作資料與自己的資料整理出來，終於發現了太陽黑子的週期性規律。史瓦貝固然是發現黑子規律的衝刺者，但在他之前的觀測者，他們的工作同樣不可取代。正是由於天文學的特殊性，天文學家之間形成了不成文的默契，那就是，對終身投入資料整理工作的前輩充滿敬意。

所以，我用天文學家的故事講述失敗和犯錯，並不是出於同情和憐憫，而是向這些前輩致敬。這本書中包含二十一個故事，涉及三十多位天文學家，包括他們的工作和生活。這些人物的故事就像銀河系中被塵埃和氣體遮蔽的星光，是暗角，是肉眼不可見的空洞，也是孕育，是更廣闊維度下的進步。

天文學家群體不算大，但考慮到時間的因素，歷史上天文學家的規模就不是一個小數目了。大部分天文學家在一生中都犯過大大小小的錯誤。要從中篩選出二十多個值得一講的故事不是輕鬆的工作。我儘量沿著時間的脈絡，從科學革命的先驅哥白尼講起，到保衛冥王星的斯特恩結束。這場梳理錯誤與失敗的旅程從太陽系的行星運動開始，貫穿中世紀和近現代以來天文學不同領域的進步，以重新思考行星的定義結束。天文史上失敗的歷史似乎畫了一個圈，從理解自身的定位出發，又回到了我們最熟悉的身邊事物上。當然，人類在這場旅程中的認知並非原地踏步，而是切實地前進了一大步。掛一漏萬，我可能遺漏了更多有趣的天文學家的失敗故事。這本書涉及的人物和事件與我個人的學術興趣大有關係，沒有寫入本書的情節並非不重要。

我嘗試著揭示失敗背後的詩意和理性之光。我沒有能力設立一座「失敗博物館」，但我願意收集幾塊磚瓦，為將來做打算。在這個當下，我邀請你在茶餘飯後，聽我唱一曲獻給失敗的讚歌。

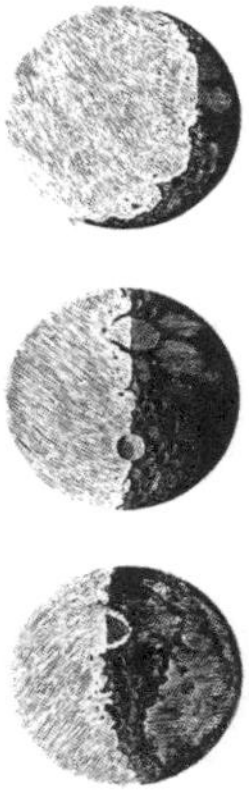

01
從簡單到複雜

尼古拉 · 哥白尼　Nicolaus Copernicus
波蘭天文學家、弗龍堡大教堂僧正
1473——1543

一五四三年，英國王位繼承人問題懸而未決，天主教派和路德教派還在相互攻擊。五月二十四日，波蘭弗龍堡大教堂的老年僧正哥白尼去世了，享年七十歲。據說哥白尼在彌留之際，終於收到了出版商從紐倫堡寄來的《天體運行論》的樣書。看著自己的著作終於出版了，哥白尼在滿足和遺憾交織的心情中離開了這個世界。[1]

與那些有關王位和戰爭的世界級大事件相比，哥白尼的離世寧靜而蒼白，沒有達官顯貴的告別，沒有眾人的弔唁，也沒有隆重的葬禮。但從更長的歷史坐標系來看，與哥白尼相比，其他重大的戰爭和衝突都顯得微不足道了。

我們可以想像，令哥白尼滿足的是，這本凝聚了他幾十年辛勞與智慧的作品終於印刷出來，即將在歐洲乃至全世界的知識階層中傳播開來。但同時，令他遺憾的是，他還有太多的工作沒有做完，他的目標未能完全實現。

哥白尼幼年喪父，在舅舅的照顧下成長。他的舅舅是一名主教，不僅在生活上照顧了哥白尼一家，還送哥白尼上學，幫助他接受良好的教育。哥白尼接受的教育讓他成為一位忠誠的古希臘主義者。他癡迷於古希臘的輝煌文明，相信古希臘學者建立起來的世界秩序和宇宙規則，相信天界完美，圓周運動是最簡單和最美的運行方式，整個宇宙和諧而永恆。

在古希臘人的想像中，天球完美地旋轉，讓天上的眾星各安其位，容易被預測和測量，只有那麼幾顆特立獨行的行星破壞了整體規則。如果我們把東升西落的群星看作整體星空的大背景，那麼，總有幾顆行星會在背景上遊移不定。它們有時候和恆星的運動方向一致，有時候卻突然停下來，然後逆行，幾天或者幾十天後再恢復原來的方向。水星、金星、火星、木星和土星，都會發生逆行的現象。水星最頻繁，在一年之內會逆行三到四次。

面對著統一的規則和個別的害群之馬，怎麼辦呢？

對古希臘人來說，選擇無非有兩種。要麼放棄傳統的信仰，承認天界也像人間一樣混亂，別管什麼星，亂跑才是常態，要麼堅持信仰不動搖，給行星的逆行找到新的解釋，給整個體系修修補補。而幾乎所有人都選擇了努力修補。為了解釋行星逆行而找尋方法的這項工作，被後世的歷史學家稱為「拯救現象」，也是天文學家在這一時期最重要的課題之一。

托勒密在總結前人工作的基礎上，提出了一整套詳盡的思路。

首先，火星不是直接圍繞地球轉的。火星在一個小圓圈上等速轉動，這個小圓圈叫火星的本輪，本輪的中心在一個大圓上繞地球等速轉動，這個大圓圈叫火星的均輪。也就是說，原本簡單的火星圓周運動，現在變成了兩個圓周運動的組合。所以從地球上看，火星走過的軌跡像是一條纏繞著的痲繩，這就解釋了火星的折返現象。

送來樣書的馬車緩緩駛過弗龍堡大教堂門前的時候，馬匹和整個車廂一致向前。但就在車輪接觸地面的一剎那，車輪與地面接觸的那一點正在朝後運動。運動的組合可以實現逆行的效果。

兩個圓周運動的組合，計算起來已經足夠複雜了，但更複雜的還在後面。

如果用兩個圓周運動的組合依然難以符合火星的實際運動資料，可以繼續增加更多的圓周運動。也就是說，火星在自己的小本輪上轉，小本輪的中心在一個中本輪上轉，中本輪的中心在一個大本輪上轉，大本輪的中心再沿著均輪圍繞地球轉。本輪和均輪的組合可以無限增加，一直嵌套下去，直到可以類比出火星的觀測資料。

我們今天在數學上可以理解，其實任何一種運動軌跡，都可以被分解成大量圓周運動的組合。只是解決火星折返的問題，圓周運動組合的方式絕對可以勝任。從理論上來說，只要有足夠多的圓周運動參與進來，讓火星畫出一隻米老鼠也完全可以做到。因此，隨著後代天文學家的觀測越來越精細，火星的資料可能一直在更新，托勒密的模型也可以跟著一起升級，每次升級都靠增加和調整新的本輪。

講完上面這些，還沒結束。

托勒密還做出了一個大膽的設定。地球其實不算嚴格地位於宇宙中心，而是和宇宙中心拉開了一小段距離。托勒密假想了一個根本不存在的天體，位於和地球對稱的宇宙中心的另一側，也就是地球的「對點」。所有行星都相對於對點做等速運動，所以從地球上看，行星的運動速度並不均勻。

你看，托勒密的這一系列操作，完全是有目的性的功能主義和實用主義。他為了解決行星逆行的問題，把原本簡單的圓周運動變成了如此複雜，大大小小的圓周嵌套和對點系統。這一套系統可以完美解釋觀測資料，但它太複雜了，計算起來極其困難。

托勒密系統的優點是，它自帶升級介面。只要觀測資料更新了，托勒密系統就可以根據最新的觀測資料增加本輪的數量，重新貼合觀測資料。這樣一個系統，看起來似乎是永遠不敗的。它可以永遠有效，永遠升級，永遠符合觀測資料。

有效的方案活得久。從西元一四〇年前後完成《天文學大成》，到西元十五世紀末，托勒密的地心說成為天文學的主流思想，統治了歐洲上千年。

在這期間，曾有幾位學者提出過不同的思想，但只有哥白尼的思想產生了重大影響。

哥白尼在舅舅的幫助下，先後在波蘭和義大利的多所大學求學。作為古希臘文明的信徒，哥白尼面對一代一代傳承下來的，托勒密的均輪和本輪系統，感到很不舒服。這套系統太複雜了！這麼多的圓嵌套在一起，早已背離了古希臘對簡潔美的追求。宇宙會為我們呈現如此複雜和醜陋的規律嗎？

托勒密的體系就像是一個完美而複雜的補丁，但哥白尼不滿足於繼承一個補丁，而是想創造出全新的宇宙體系，更簡潔地解決拯救現象這一項課題。

哥白尼的思想不難理解。火星看起來偶爾逆行，但有沒有可能我們觀測到的逆行只是視覺上的效果，真實的運動躲藏在表面之下？

馬車繼續在大教堂外緩步前進，馬車夫看到整個教堂和集市上的每一個人都在逆行，這只是因為……。

哥白尼創造了完全不同於托勒密的體系。他讓太陽和地球交換了位置，讓太陽位於宇宙中心，固定不動，讓地球像馬車一樣運動起來。我們坐在這輛虛空中的大球形馬車上觀測火星的順行和逆行，這都是因為我們的地球自己也在動。

地球在動，或者說地球所在的這一層天球在圍繞著太陽動。火星也在動，在更外層的天球上動。跑內圈的地球很容易超過跑外圈的火星。在地球看來，自己逐漸接近火星，然後再把火星甩到後面。火星順行和逆行便交替出現，周而復始。利用五顆行星逆行出現的頻繁程度，哥白尼計算出它們各自天球層的遠近關係，畫出一幅清晰而簡單的宇宙規劃圖：在以太陽為中心的六個同心圓中，地球位列第三。

如果故事到此為止，哥白尼可以輕鬆地宣布自己的勝利。他讓地球動了起來，解決了行星逆行的問題，簡單的同心圓運動取代了繁複的托勒密均輪本輪模型。但是，同心圓遠非故事的終點。提出一套模型，只是科學工作的起點。

五十三歲的哥白尼完成了大部分科學工作，但決定暫不發表。他的理由有兩個。當時有人聽到哥白尼新理論的傳言，褒貶不一。有人表示感興趣，比如當時的教皇利奧十世和幾位樞機主教。也有人以《聖經》為依據表達了鮮明的反對，比如宗教改革家路德。讀者輿論上的挫敗還只是次要原因。更重要的原因是，哥白尼的工作還沒有完成，他的作品只是一部半成品。

科學，從來都不是你說怎麼樣就要怎麼樣。科學需要證據。哥白尼所宣導的如此具有顛覆性的科學，需要的就是更加確鑿的證據。天文學不能對群星做實驗，只能被動觀測。所以，天文學家眼中的證據就是觀測資料。哥白尼利用當時恆星和行星的位置測量資料，核對自己的理論。把太陽放在宇宙中心靜止不動，讓地球圍繞太陽旋轉，這樣的宇宙模型能否符合實際觀測到的群星運轉情況呢？

答案是：不能。

我們今天的常識讓我們覺得哥白尼的日心說更偉大、更正確，它一定比托勒密的地心說更符合真相。但仔細思考一下就會理解，事情沒有這麼簡單。

首先，哥白尼採用的是標準的圓周運動軌跡。地球和其他行星都圍繞太陽做完美的圓周運動。而托勒密體系的產生就是為了符合實際觀測資料。經過歲月的累積，一層又一層的均輪和本輪增加嵌套，地球可以不位於宇宙中心，地球到宇宙中心的一小段距離也可以調節。意思是說，哥白尼的模型是沒有調節餘地的，而托勒密的模型處處可以調節，參數眾多，靈活多變。所以，托勒密的地心說模型可以與觀測資料更完美地符合。

哥白尼經過幾十年的工作，當然早就發現了這一點。太陽和地球交換位置，地球動了起來，可以解釋行星逆行了。這個模型簡單極了，卻無法符合具體的實際觀測資料。怎麼辦呢？……套圈。

哥白尼給行星的運動增加均輪進行嵌套。火星不是直接圍繞太陽轉，而是在一個小圓上轉，小圓的圓心在一個中等大小的圓上，中圓的圓心圍繞太陽轉……對，這與托勒密的做法完全相同。

經過計算，在哥白尼最終完成的作品裡，為了符合觀測資料，整個日心說模型需要套上多少個圈呢？哥白尼在自己最初的計算版本中需要三十四個圈，在最終的著作中用到了四十八個圈。

而作為比較，托勒密的地心說模型裡用到多少個圈的嵌套呢？歷史上的學者對這個問題有不同的答案，不同版本的百科全書上也有不同的數量。數量最多的一種是兩百四十個圈，出自美國當代天文學家勞埃德・莫茨的《天文學的本質》（Essentials of Astronomy）一書。[2] 天文史專家和哥白尼研究專家歐文・金格里奇在《無人讀過的書》中證明，哥白尼用到的圈數可能多於托勒密，至少和托勒密用到的圈數不會差太多。美國維拉諾瓦大學的愛德華・菲茨派翠克教授證明，托勒密的體系不需要用到太多的均輪和本輪，就可以很好地符合觀測資料。這也很容易理解。真實的太陽系行星軌道根本就不是圓形，而是橢圓形。非要用圓形來計算的模型不可能符合觀測資料，更加靈活的托勒密體系反而容易符合。[3]

也就是說，根據今天天文史的結果，哥白尼沒有完成預定的任務，他的日心說一點也不好用，甚至比地心說更複雜，要用到更多的圓周嵌套。真正幫助日心說解決了這個問題的天文學家，是哥白尼之後的克卜勒。他放棄了哥白尼一直堅持的圓周運動，把行星圍繞太陽運動的軌跡改為橢圓形，最終可以完美地符合觀測資料。但在哥白尼心目中，圓周運動不能廢棄，但是新的模型比自己之前反對的模型更加複雜，這如何是好呢？

哥白尼遲遲不願意公布自己的全部書稿。瞭解到哥白尼部分工作的天文學家雷蒂庫斯專門跑到哥白尼的住處，長時間和他生活在一起，寫了一本名為《初論》的小冊子，介紹了哥白尼日心說的核心概要，幫哥白尼宣傳了日心說。在和哥白尼的長期交往中，雷蒂庫斯取得了哥白尼的信任，成為了他終生唯一的門徒。直到去世前兩年，哥白尼才終於同意雷蒂庫斯出版自己的著作。

雷蒂庫斯把哥白尼的手稿交到紐倫堡著名出版商佩特里烏斯手中，佩特里烏斯承擔全部費用和風險。印刷商給全書添加了書名，叫《論天球運行的六卷本集》，也就是今天我們所說的《天體運行論》。雷蒂庫斯此時正好接到新的任命，趕往萊比錫大學任教。臨走前，他委託紐倫堡當地的牧師朋友奧西安得爾監督哥白尼書稿的印刷發行工作。奧西安得爾成了哥白尼作品的責任編輯。這本書中用到大量的公式和圖表，需要認真校對。而奧西安得爾的工作做得不錯，只是利用職務之便在書的最前面以哥白尼的名義插入了一段聲明。聲明大意是說，請讀者不要相信宇宙真的如此，這本書只是數學上的假設。奧西安得爾的膽大妄為是否另有動機？多年之後，人們如何發現這段聲明並非哥白尼本人的意願？這就是另外的故事了。

七十歲的哥白尼看到《天體運行論》的樣書後，離開了這個世界。沒有了作者的庇護，《天體運行論》一書獨自在世界上傳播，承受讀者的檢驗、批判、信奉、查禁或宣傳。

哥白尼失敗了，但這是天文史上最偉大的失敗。

今天，無論在天文學領域，還是在大眾傳播領域，哥白尼都是一個家喻戶曉的名字。全世界可能有上千萬所中小學校的教室裡掛著哥白尼的肖像畫，每一座天文館和科博館裡都會用大字標題凸顯哥白尼的貢獻，出版社會把引導孩子熱愛科學的叢書叫「哥白尼系列」，科博館會把一些青少年的天文學活動名稱取作叫「小小哥白尼」……哥白尼早已不是哥白尼本身，而是科學革命的同義詞。

哥白尼的偉大顯而易見。但是，無論是某個專業領域的學者，還是普通大眾，面對歷史的起承轉合，都會經常不由自主地產生一種心理偏見。我們回看某個歷史變遷的時間轉捩點時，會過分地貶低變遷發生之前的時代，同時又會過分地抬高變遷發生之後的時代。比如，面對哥白尼開啟的一場天文學的變革，我們會過分貶低哥白尼之前的地心說模型，也會過分讚揚哥白尼的日心說模型。幾百年來，從地心說到日心說的這場變革，早已不是當年的變革本身，而是加進了後人的太多偏見。

哥白尼在簡潔化的任務上失敗了，但整個時代在巨大的張力中前進。讓我們重新回望一下那個充滿張力的時代吧。

在哥白尼所處的文藝復興時期，會看見貴族打仗前都要徵詢占卜師的意見；人們普遍相信被國王觸摸身體可以避免惡病上身；世界把一切罪惡都怪罪到不檢點的女性身上，在奧地利一個小鎮，僅兩年時間就有八十人因行巫術的罪名而被處死；基督教的神父每年夏天都忙著在田間地頭給莊稼驅邪。

而另一邊也會看見……

培根呼喚理性，大喊知識就是力量；莎士比亞在戲謔的荒唐劇中暗藏人性的玄機；新成立的耶穌會修道院選派最優秀的青年去遠東地區傳教，將科學和數學帶往東方；賽凡提斯在山間遊吟，反思騎士的精神；蒙田將禮儀和德行結合起來，為人類做出心靈自由的示範；還有哥白尼，他徹夜工作，用精巧的數學論證宇宙的秩序，繪製出太陽在宇宙中心的新版天圖。

這是人類最低沉、最迷信、最慌張的時代，也是理性開始的時代。這是哥白尼失敗的時代，也是新的宇宙圖景開始建立的時代。

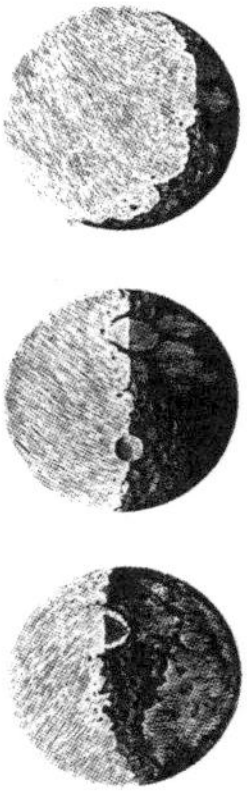

02

錯誤地解釋海水的潮汐

伽利略・伽利萊　Galileo Galilei

托斯卡納大公的數學家和天文學家

1564——1642

佛羅倫斯歷史中心被聯合國教科文組織世界遺產委員會列入《世界遺產名錄》。

佛羅倫斯科學史學會及博物館改名為伽利略博物館。這裡是保存伽利略遺物最豐富的地方。博物館第一層的七號展廳陳列著伽利略使用過的，大大小小的望遠鏡、羅盤、天平砝碼和各種數學工具，它們拱衛著展廳中央的一座圓柱形展臺。展臺上的玻璃展櫃裡有一座年代久遠的大理石基座，基座上卵圓形的水晶罩裡有一根乾枯的人類手指，直指天穹。這是伽利略的右手中指。

留下部分遺體是紀念偉人的莊嚴方式。沒有人像伽利略那樣對現代科學產生這麼巨大的影響。伽利略是當之無愧的「現代科學之父」，他的工作涉及從大地到天空的多個領域，比如宇宙體系。

哥白尼的《天體運行論》在紐倫堡出版發行。我們無法精確知道第一次印刷的數量和銷售的情況，但跟隨哈佛大學教授金格里奇在《無人讀過的書》中的探尋，我們可以大概瞭解到，《天體運行論》問世之初就已經在歐洲的知識階層中廣為流傳。作為對比，它的銷量甚至高於幾十年後的莎士比亞的作品。

但是，對波蘭教士哥白尼的新理論感到好奇買來讀一讀是一回事，讀過之後受到啟發則是另一回事了。在《天體運行論》發行的那一刻，一顆石頭被投入了池塘。以紐倫堡的出版商為中心，討論日心說模型的漣漪在歐洲大陸激蕩。二十年後，大部分大學裡的天文學教授、數學家、天主教會和改革派的知識分子階層都或多或少聽聞了新的宇宙理論。其結果是，有人支持，有人受影響，有人激烈反對。圖賓根大學的年輕學生梅斯特林有幸得到一本《天體運行論》，他後來成為歐洲著名的人文主義者和海德堡大學教授，大量引用過哥白尼的著述。英國伊莉莎白一世宮廷裡最智慧的學者湯瑪斯・迪格斯追隨哥白尼的腳步，繼續探索數學問題。就連最保守的丹麥貴族天文學家第谷・布拉赫（Tycho Brahe），也受哥白尼的影響，提出了介於地心說與日心說之間的折中宇宙結構體系。但大部分學者無法接受哥白尼和《天體運行論》，天主教會對自己的教士做出違背《聖經》的研究感到尷尬，新教改革家強烈抗議哥白尼動搖信仰的根基，普通民眾當然不明白也不在乎天上的神祕過往。

就在這個時候，伽利略在義大利比薩出生。

青年時代的伽利略在比薩大學跟隨數學家里奇教授鑽研數學，在此期間第一次接觸到哥白尼的《天體運行論》，但當時的他對大地上的生活場景更感興趣。據說伽利略曾親自爬上比薩斜塔，把兩個不同重量的大球同時扔下，觀察到它們同時落地。但更有可能的是，伽利略不需要親自動手做這個實驗，他只需要用思想上的分析論證，就可以發現下落物體的運動與這個物體的重量無關。

伽利略或許從哥白尼關於地球運動的理論，直接聯繫到自己關於重物下落的思考。如果地球真的在動，而我們又完全感覺不到，這就意味著我們並不能從直覺上判斷運動與靜止的本質區別，我們能區分的只能是運動狀態的變化，也就是加速過程。

受哥白尼啟發，伽利略的興趣擴大了，他的目光從地面轉移到了天空。這個時候，伽利略成為帕多瓦大學數學教授，受到開明的威尼斯公國保護，相對輕鬆自在地從事自己喜歡的研究工作。

一六〇九年，伽利略透過朋友的幫助，獲得當時在荷蘭新出的望遠鏡。望遠鏡已經在歐洲多地的博覽會上亮相，成為大人和孩子都喜歡的新奇玩具，荷蘭的眼鏡商正在為爭奪發明望遠鏡的專利權打官司。伽利略拆解了望遠鏡，理解了它的基本結構和成像原理，並自己動手製作放大倍數更高的望遠鏡。利用改進過的望遠鏡，伽利略發現，天界並非完美無瑕，月亮的表面凹凸不平，太陽上偶爾出現大量黑子，並不是所有天體都圍繞著地球運動。望遠鏡裡還清晰顯示，木星周圍有四顆衛星，哥白尼預測的金星的陰晴圓缺也被伽利略記錄在案。[1]

哥白尼的理念，加上伽利略在望遠鏡裡觀測到的證據，使邏輯鏈條初步成形。

租住在帕多瓦老城裡的伽利略，也許是在一個陰冷的清晨結束了整夜的觀測，興奮地趕往大學講堂，迫不及待把這一切告訴聽課的學生。伽利略曾經授課的那個講堂至今仍保留在帕多瓦大學裡。今天，講堂屋頂的一角有一架大理石雕刻的望遠鏡。它高高在上，高過講堂裡的師生和遊客，高過牆面上懸掛的眾位教授的畫像，高過講堂前方的國旗和十字架。

伽利略的新思維和望遠鏡使他成為明星教授，成為帕多瓦社交圈的核心人物。貴族也喜歡觀測伽利略望遠鏡裡的新現象。但是，幾千年來，大地巋然不動，要改變這樣的觀念沒有那麼簡單。嘲笑哥白尼與伽利略的人問了一個簡單的問題：「既然地球在動，為什麼我感覺不到呢？」

在自己的著作《關於托勒密和哥白尼兩大世界體系的對話》（以下簡稱《對話》）中，伽利略用對話體探討了一系列運動問題。他在書中想像了一艘大船。人們被困在船艙底部，無法看到外面的世界時，不能透過任何現象判斷大船是靜止的，還是做等速直線運動。你雙腳起跳後，還會落回原點。你觀察到的擺動和小球滾動，都和在家裡房間看到的情況一致。在伽利略的大船裡，所謂靜止和等速直線運動，是完全等效的感受。[2]

這個解釋還不能完全消除反對派的疑慮。照這個說法，地球靜止也好，運動也罷，感覺完全一樣，那又如何證明地球真的在動呢？

關鍵就在等速直線。靜止的感受與等速直線的運動方式完全一致。地球在圍繞太陽的運動中，巨大的圓形軌跡的曲率很小，短時間內的運動軌跡可以被近似看成一小段等速直線運動。所以，我們不會感到地球正帶著我們飛奔。但是，為了產生晝夜交替的效果，地球不僅要圍繞太陽公轉，還必須自轉。地球表面上的某一個點，跟隨地球自轉的過程顯然不是等速直線，也一定會產生很明顯的效果。我們看得見這個效果嗎？

伽利略在寫給樞機主教亞歷山德羅・奧西尼的信中提出，正是地球的自轉，才讓海水晃動，以至於產生漲潮和退潮的現象。也就是說，伽利略為哥白尼的日心說找到了一大證據——潮汐。伽利略在信中闡述了對潮汐的討論，希望奧西尼主教能將這封信呈給當時的教皇保羅五世御覽。

如果說衛星環繞木星、月亮表面不完美、太陽上有黑子這些證據都遠在天邊，地球上海水的漲落則近在眼前。

從威尼斯到比薩，再到羅馬，每一個水手、漁夫、沿海的農民和觀察過大自然的市民，都知道地中海和亞得里亞海的海水每天兩次漲退。威尼斯遭遇最嚴重的漲潮時，聖馬可廣場會被海水淹沒；大潮來臨時，河水充滿比薩城中的河床，淹沒橋墩；羅馬郊外的公共海灘因為潮漲潮退，不停地變換邊界。站在海邊，潮水湧來時會迅速浸濕我們的雙腳，潮水退去時又重新露出廣闊的沙灘。潮水不斷地沖刷著海岸線，促使海浪一波一波地撞擊海面以下的大陸棚，捲動海底的波濤。全世界的海洋相互聯通，彼此分擔潮汐的壓力，又根據各自所處地理環境的不同，鹽分、地理緯度、海床地質條件、生物多樣性等情況的差異，產生不同強度的潮汐。

我們對潮汐並不陌生。

伽利略第一次將遙遠宇宙的運行法則，與我們腳下潮濕的沙灘聯繫到一起。羅馬郊外沙灘上的一隻小小寄居蟹的生活節律，和宇宙中星辰的運動方式緊密相關。漁夫出海的計畫受地球圍繞太陽運動的影響。因為伽利略，我們第一次和星空如此接近。

安靜的茶杯不會漏水，晃動的湯鍋才有可能灑出湯來。伽利略抓到了支持哥白尼的最好證據，大海的磅礴吞吐就是地球在運動的直接結果。即使寫給樞機主教的信似乎沒能引起教皇的興趣，伽利略也沒有放棄，他在《對話》中再次提出有關潮汐的思想。伽利略在寫作這本書時，最初的書名就叫《關於潮汐的對話》。他在書的序言中說：

「我將提出一種巧妙的推測。很久以前，我就說過，海洋潮汐這個沒有被解決的問題，可以從假定地球運動中得到一些說明……我認為有必要說明，在假定地球是運動的情況下，必然會產生這一現象的根據。」

看起來，伽利略為日心說找到決定性證據的同時，還順便解決了海洋潮汐成因這個千古謎題，真是了不起。

但問題是，伽利略錯了。

在伽利略的時代，不存在重力的概念。那個時代對自由落體的科學探索剛開始露出科學的端倪，對磁鐵和磁力的研究還非常初級，對電的認知還完全不存在。包括伽利略在內的所有人，都無法理解兩個物體隔空不接觸也能產生力的作用。靜止就意味著一動不動、一成不變，而運動就意味著發生變化。這是自古以來的普遍認知，是邏輯的基礎，從亞里斯多德的時代一直流傳下來。地球的運動帶來了海水的晃動，這個說法看似合理。但地球是否運動，與潮汐是否發生沒有因果關係。

如果地球的運動能讓海水晃動，也同樣能讓馬車上的車夫感到搖擺，讓我們每個人感到站立不穩。既然我們感受不到地球運動的一切動態效果，海水也勢必一樣無動於衷。真正掀起波浪的是太陽和月亮的重力。

伽利略本不該犯這個錯誤。

西元前三世紀的古希臘人艾拉托色尼和西元前一世紀的波希多尼早就觀察過月亮的陰晴圓缺和潮汐之間的關係，提出潮汐和月亮之間可能有著神祕的關聯。西元七七年，老普林尼在《博物志》一書中也提到了月亮對潮汐的影響。古希臘晚期的托勒密還專門用潮汐和月亮的關係作為占卜命運的依據。到了中世紀早期，英國神學家比德在《時間計算》一書中討論過月亮與潮汐的關係。但丁在《神曲．天堂篇》第十六章第八十二、八十三節中說：「一如月亮的天穹轉動運行，把海岸覆蓋又展現，永無休歇。」[3] 但丁活躍的範圍就是伽利略生活的佛羅倫斯、比薩和威尼斯等地。我們不知道伽利略對這些前輩的論述是全然無知，還是選擇性忽略，又或許是因為，他太想證明日心說了。

差不多同時代的克卜勒正確地提出潮汐現象來源於太陽和月亮的影響，但直到牛頓利用萬有引力定律，才真正定量地解決潮汐問題。對潮汐更加精確的計算，要等到牛頓之後的龐加萊（Jules Henri Poincaré）、歐拉（Leonhard

Euler）、白努利（Daniel Bernoulli）等數學家的共同努力才得以實現。潮汐的產生並非因為地球在動，而是因為太陽和月亮對地球的重力拉扯，其中月亮的效果更明顯。在地球上，海洋的潮汐起伏中超過三分之二的貢獻源於月亮。

只不過，當時沒有人糾結潮汐的問題。天主教會新當選的教皇本來是伽利略的朋友，曾經大力支持伽利略的研究。但是，成為教皇後的朋友不再是單純的朋友了。朋友可以討論天界的運動可能性，而教皇必須為信仰的體系負責，為《聖經》文辭的權威性負責，也要為自己的權力穩定負責。新教皇在波詭雲譎的政治風暴中犧牲了伽利略，以捍衛自己的權威。伽利略被押解至羅馬接受審訊。

一六三三年二月，六十九歲的伽利略抵達羅馬，接受宗教法庭的第二次審訊。伽利略被控「違背誓言，公開支持哥白尼」，審訊過程持續了好幾個月。七月，他被威脅如果不從實招來，就要接受酷刑的折磨。幾天後，最終的判決如下：[4]

一、伽利略被懷疑具有強烈的異端邪說思想，要求他立即棄絕。

二、伽利略被判處終身監禁（後來改判為軟禁）

三、禁止伽利略的全部學術作品出版，禁止伽利略繼續從事學術研究。

所幸，麥地奇家族接納了伽利略，一直照顧他的晚年生活。

從《天體運行論》問世到伽利略被軟禁後離世，在這期間的近一個世紀，第谷、克卜勒、伽利略等眾多天文學家一起思索日心說的道理，為地球的運動尋找根據。伽利略只是他們當中的一個代表。

從《星際信使》到《對話》，從製造望遠鏡到被審判，從大學教授、麥地奇家族的顧問、托斯卡納大公的私人教師到教皇囚牢中的罪犯，伽利略從年富力強走向了古稀之年。這些年來，他觀察、發現、記錄、對比、推演，為哥白尼的日心說累積資料，為地球的運動尋找證據。他錯誤地解釋了潮汐現象，但正確地堅持了地球運動的理念。他錯誤地理解了地球運動帶來的海水晃動，但正確地認識到地球公轉與自轉的雙重運動方式。他在眾多閃耀的天文學發現中，做出了一項看似荒謬的推理。但科學也許就是這樣。科學既不擔保全部的思考過程都通往真理，也不意味著必須領先於時代的聲音。科學更像航海，可能有目標，也可能並不知道彼岸在何處；可能走上了最便捷的海路，也可能在原地的湍流中打轉，甚至南轅北轍；可能明天比今天更好，芝麻開花節節高，也可能停滯不前，甚至倒退一大步。

我們在伽利略眾多偉大而正確的發現之中，小心翼翼地分辨出關於潮汐成因的偉大錯誤，是為了還原真實的伽利略和真實的科學史觀。的確，地球在動，但正確的動機和正確的結論，並不一定帶來正確的解釋。能解釋潮汐的原因還需要從別處尋找。

一六四二年的新年剛過一個星期，七十七歲的伽利略在持續發燒和心悸後去世。教皇不允許為伽利略舉辦葬禮，也不允許將伽利略葬在教堂的墓地裡。他長眠於佛羅倫斯大教堂之外的偏僻之處，很多年後才被隆重地重新下葬。

一年之後，牛頓在英國林肯郡的鄉間出生，他將重新解決潮汐問題。

03
測量光速的學術小組

西芒托學院　Accademia del Cimento
托斯卡納大公的學術機構
1657——1667

在佛羅倫斯的阿諾河南岸，距離老橋約兩百公尺處有一座城裡最豪華的宮殿——彼提宮。這裡從科西莫一世開始就一直是麥地奇家族的主要住所。整座宮殿長兩百零一公尺，高三十七公尺。三層樓高的彼提宮用巨大的方形頑石建成。彼提宮外觀極盡簡約純粹的風格，幾乎看不到任何裝飾。正立面僅有的裝飾是在每一層的屋簷處帶有柱形欄杆。但室內的藏品與外觀截然相反。這座宮殿有十一間藝術室，珍藏著拉斐爾、波提切利、提齊安諾（提香）等名家的作品，其中五間的天花板上還有濕壁畫。

就在貴族的住房和藝術珍品之間，在這座宮殿內部，曾經有一個房間與它周圍的一切都不搭調。在歷史上的一段時間裡，這間房間裡裝滿了大大小小的玻璃儀器：望遠鏡、顯微鏡、放大鏡，各種燒杯、曲頸瓶和玻璃管，還有數不清的單擺、滑輪和軌道。日常出入這間房間的人，有幾位數學家、物理學家、化學家和生物學家，以及麥地奇家族的頭號人物、第五代托斯卡納大公斐迪南二世・德・麥地奇和他的弟弟利奧波爾多，他們兄弟倆都曾經是伽利略的學生。這座隱藏在托斯卡納大公住宅內的實驗室叫西芒托學院。麥地奇家族在幾百年間累積了大量財富，得以資助文藝復興時期充滿創意的藝術家和科學家。但把一座巨大的科學實驗室安排在自己的臥室附近，肯定不是常見的情況。

在最熱鬧的那幾年，這個房間幾乎算得上是整個世界的科學中心。英國王室與這裡通信，學習科學家團體的協作方式。法國貴族來這裡取經，回去興辦了自己的學術組織。[1] 一六四二年，伽利略以傳播異端邪說的戴罪之身去世，享年七十七歲。但伽利略靈魂中的某些東西，在彼提宮這間不算太大的房間裡以另一種方式存活了下來。

伽利略晚年受到麥地奇家族的庇護，再加上幾位學術上的跟隨者的幫助，生活還算過得去。伽利略去世後，麥地奇家族繼續聘用伽利略的學生托里拆利為宮廷數學家。其他幾位學生也都或多或少得到了麥地奇家族的慷慨協助。其中最著名的是喬瓦尼・阿方索・博雷利和溫琴佐・維維亞尼。博雷利比伽利略小四十四歲，在數學、物理學和生理學等領域都有所建樹。在見到伽利略之前，博雷利已經是墨西拿大學數學教授；伽利略去世後，三十四歲的博雷利成為比薩大學數學教授。維維亞尼比伽利略小五十八歲，做過伽利略晚年的助手，在伽利略去世後收集資料，編輯了伽利略的傳記。[2]

伽利略去世十五年之後，也就是一六五七年，博雷利與維維亞尼在大公和其弟弟利奧波爾多的支持下，在佛羅倫斯創建了西芒托學院。西芒托（cimento）這個詞的意思是測試和實驗。西芒托學院就是實驗學院。我們在這裡沿用科學史上的習慣，稱它為西芒托學院。西芒托學院的座右銘是「Provando e riprovando」，意思是「嘗試之後再嘗試」。從西芒托學院的名稱和它的座右銘就能看得出來，它繼承了伽利略的思想精髓，認為科學探索必須植根於實驗。實驗至上，是西芒托學院的核心價值觀。麥地奇家族不光資助，還將自己居所的豪華房間提供給西芒托學院，作為活動場地和實驗室。大公和其弟弟這兩位貴族也是學院的成員，長期參與學術活動。

西芒托學院不是人類最古老的學術組織，卻有兩項獨創的精神在此前從未有過。

首先，它不關注世界觀，擱置宗教信仰和學術傳統帶來的理念爭端，而是致力於對自然現象進行觀察和實驗。[3] 也就是說，西芒托學院拋棄了此前的學者善於概念先行的老套路，願意謙卑地從客觀現實的表現出發。但是，自然現象精彩絕倫、靈活萬變，怎麼保證觀察到的現象就是客觀的呢？西芒托學院的座右銘告訴我們，重複實驗就是接近實驗真相的好辦法。人有瑕疵，任何一種實驗儀器都不夠完美。我們進行實驗觀察的時間和地點都微妙地受到各種不可控因素的影響，大量地重複實驗才能消除這些不確定性，獲得相對穩定的結果。比如我們在物理或數學課上就學過，用刻度尺測量物體的長度時，需要反覆測量。刻度尺的最小刻度不是無限小，需要測量的物體的邊緣落在兩條最小刻度線之間，所以測量結果的最後一位數字全靠主觀上的估計。只有大量重複測量，再求取平均數，才能得到相對可靠的結果。為了進行實驗，他們自己設計製作實驗儀器，輾轉於不同的實驗環境，一而再，再而三地重複相同的實驗步驟。他們不再是談天說地、坐而論道的理想派，而是實實在在動手製造的行動派。

西芒托學院實驗室裡的儀器現在就展示在彼提宮附近的伽利略博物館裡。其中有一件展品，是一組四件玻璃容器。容器本身完全密封，底部裝水，上半部分的玻璃做成了極細的玻璃管，並且彎曲盤繞成十幾圈的彈簧形狀。細管上刻畫著黑色、白色和藍色的刻度，最小間隔的黑色刻度表示一度。隨著溫度升高，容器底部的水的體積膨脹，液面慢慢沿著玻璃管上升。這是一組最原始的溫度計。西芒托學院的成員製造了很多這樣的儀器，我們在西芒托學院的儀器庫裡能看見今天物理和化學實驗室的影子。

其次，西芒托學院的成員之間緊密合作。伽利略在世的時候，也曾經加入位於羅馬的山貓科學院，但他從山貓科學院獲得的只是道義上的支援和出版學術作品的經費。山貓科學院的成員僅僅在名義上相互聲援，但從來沒有開展過切實的業務合作。而西芒托學院的幾位代表人物親密無間，長時間聚在一起，相互爭論，共同起草實驗程式，一起動手完成實驗，一起書寫實驗結果記錄。

西芒托學院的成員資格由麥地奇家族遴選決定。隨著弗朗切斯科・雷迪的加入，醫學成為繼物理學、天文學和數學之後學院的另一個重要學科。另外，還有相當多的學者雖然不是學院的正式成員，但都以各種角色參與了學院的活動。其中有醫生和地質學家尼爾斯・斯坦森，還有維維亞尼的學生、未來的愛爾蘭皇家學會主席羅伯特・索思韋爾。其他科學家，如荷蘭的惠更斯和法國的特維諾叔侄，與佛羅倫斯的科學家和貴族建立了密切的書信往來，他們討論的內容都與彼提宮房間裡進行的科學研究有關。彼提宮是一座宏偉的建築，此刻也擁有了實驗科學的威望。學院成員之間的通信、日記和科學筆記今天都收藏於佛羅倫斯國家圖書館中。西芒托學院是人類第一個世界級的成員之間協作探索的科學組織。

西芒托學院的《自然觀察報告》（Saggi di naturali esperienze）上記錄了一個光學實驗，再根據今天博物館裡陳列的西芒托學院成員製作和使用過的科學儀器，我們可以還原出西芒托學院的核心成員，曾經開展過的一項重要實驗——他們試圖測量光速。常識告訴我們，速度等於距離除以時間。所以要測量光速，就需要讓光通過一段距離，然後精確地測量出光通過的時間。為了盡可能減少實驗中的誤差，西芒托學院設計了一段非常遙遠的距離。

在西芒托學院成立之初，學院成員卡洛・雷納爾迪尼寫信給利奧波爾多，提出了測量光速的實驗設計。他計畫派出兩組人，一組人前往加爾法尼亞的小鎮韋魯柯拉七百公尺高的山頂，另一組人則前往比薩，韋魯柯拉和比薩兩地相距大約五十公里。韋魯柯拉組的實驗人員在夜間點亮燈籠，比薩組看到燈籠後立即點亮自己手中的燈籠，韋魯柯拉組計算從自己的燈籠點亮到看到比薩的燈籠點亮之間的時間差。這個時間差就是光線在韋魯柯拉和比薩兩地往返一次所花的時間。為了更精確地記錄時間，以及盡可能減少操作過程所耽誤的時間，兩個小組利用當天夜裡的月亮位置來校準時間，並且提前點亮自己的燈籠，再用擋板遮住。

幾年後，博雷利設計實施了另一個相似的實驗。這一次，兩個小組分別在佛羅倫斯和皮斯托亞點亮燈籠，兩地距離二十公里左右。實驗還在佛羅倫斯和韋魯柯拉之間進行過。

學院成員的想法是，即使缺少精密的計時儀器，難以精確計時，也可以利用這樣的實驗進行定性分析，也就是分辨出光的運動究竟是瞬間的效果，還是需要花費時間。用當時的話來說，他們要看一看光是否比天使飛得更快。

維維亞尼和另一位成員馬加洛蒂報告了實驗結果。實驗結果是一場災難，實驗人員甚至根本無法確定對方的燈籠會出現在什麼方向。他們在夜晚的大霧中記錄了錯誤的時間，霧氣最嚴重的時候看不見任何東西。

這樣的實驗可能還進行過好幾次，但每次都以失敗收場。馬加洛蒂起草了學院公開的《自然觀察報告》，細緻地講述了實驗的設計初衷和實驗過程，也誠實地講述了失敗的實驗結果。在可供參考的幾次實驗中，因為光速比預想的快得多，他們無法判斷光線往返兩地的時間差。

在西芒托學院的光速實驗中，光線往返兩個實驗地點的時間不到一毫秒。在十七世紀的歐洲，無論多麼訓練有素的實驗操作流程，都無法分辨出小於一毫秒的時間間隔，西芒托的光速實驗註定失敗。

西芒托學院的學者使用了正確的實驗思維、準確的數學計算和精確的邏輯過程，卻沒能成功測量出光速。因為所有人都錯誤地估計了光速的量級。假如光速只有真實數值的百分之一，更精密一點的計時裝置、更遠一點的實驗站、更多的實驗訓練，很可能得出正確的結果。但是，因為誰也沒有預料到光速竟然可以大大超出人類的想像範圍，光速的數值在人類對速度的想像力極限之上，這讓一切訓練、重複實驗、精密追求和科學實驗思路的努力都化為烏有。

最快的馬車速度是每秒幾公尺，從佛羅倫斯大教堂的尖頂上自由墜落的瓦片落地時的速度是每秒三十公尺，自然界運動速度最快的動物遊隼，全力飛行時的速度是每秒八十公尺，即便將日心說模型裡地球圍繞太陽的運動考慮在內，這個速度也只有每秒三十公里。也就是說，在西芒托學院活躍的年代，人類對最大速度的認知不會超過光速的萬分之一。我們長期生活在一個低速運行的環境中，面對光速，所有人都無能為力，只有匍匐於地，並頂禮膜拜。

但是，就在阿諾河邊的一間小房子裡，這幾個人不滿足於匍匐的姿態。他們暫時放下個人的理念之爭，聯合起來，嘗試著走上一條鬥志昂揚的道路。他們高昂著頭顱，並肩而行，挑戰了不可一世的光之神。他們用測量馬車速度的邏輯測量光速，他們用重複實驗的思路求解未知的問題，他們用誠實的語言客觀記錄。他們測量光速的行動失敗了，但他們的思想和行動本身就散發著科學精神之光。他們對自然的理解，沒有以《聖經》逐字逐句的文義為基礎，沒有聽命於教皇、大主教和主教的訓令，更沒有完全相信前輩的歷史經驗。他們相信，要理解自然的真相，只能相信此刻的實驗。當然，我們可以理解，在伽利略的遭遇之後，佛羅倫斯的精英主動或被動地對哥白尼的理念避而不談，出於自身和學術研究安全的角度考慮，把熱情投入相對中立的實驗活動中。我們也可以理解，勇氣和犧牲固然可貴，但堅守和傳承同樣有價值。

麥地奇家族盛極而衰，早就停止了銀行業的生意，連年的瘟疫和戰爭也大大削減了賦稅收入，佛羅倫斯最重要的貿易收入也被其他的航線和新崛起的城市搶了風頭，繁華漸漸落幕。一代代的麥地奇家族繼承人上演著幾乎相同的戲碼：父母不和，孩子從小性格陰鬱，在新思想和保守思想之間搖擺不定，過早結婚，娶一位歐洲貴族的女兒，婚後和妻子相互怨恨，沉迷於聲色與揮霍的生活，生個孩子走上老路……日本當代心理學家加藤諦三在《長不大的父母》一書中解釋了家庭代代相傳的情感問題。在歐洲曾經最顯赫的家族中，一代代長不大的父母誕生了，彷彿彼提宮裡的人格伴隨著佛羅倫斯的貿易一起衰落了。

大公久病，利奧波爾多受教皇拔擢，成為樞機主教，前往羅馬赴任。而麥地奇家族的下一代對科學毫無興趣。再加上西芒托學院的幾位科學家相繼出走，博雷利去了羅馬，維維亞尼接受了新成立的法國科學院的職位，西芒托學院漸漸停止了活動。西芒托學院成立於一六五七年，到一六六七年解散，活動時間只有十年，卻成為科學史上最重要的學術機構之一。它的出現，使現代科學的研究方式具備了今天的樣子。它的組織形式、科學精神、實驗遺產，都直接影響了當時歐洲其他地區的科學活動。路易十四仿照西芒托學院，在法國創建了法國科學院，查理二世在英國創建了皇家學會，世界科學研究的中心逐漸從義大利轉移到歐洲大陸的西部地區。

十年之後，在法國科學院下屬機構巴黎天文臺工作的丹麥天文學家羅默（Ole Rømer），利用不同時間觀測木星衛星的時間差，第一次得出了光速的測量結果，比現代值小了百分之二十七。在將近兩百年後，法國物理學家斐索（Hippolyte Fizeau）才第一次在地面實驗室成功測量了光速。

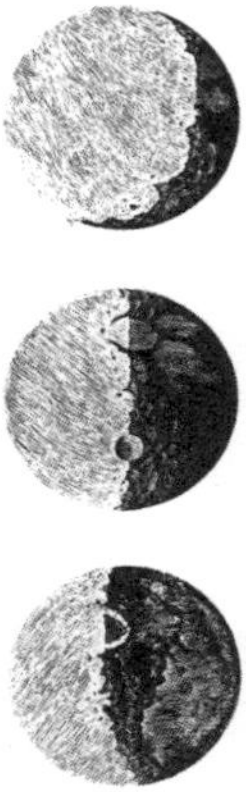

04
觀測金星凌日
九死一生

紀堯姆・勒讓蒂　Guillaume Le Gentil
法國天文學家
1725——1792

一七七一年十月，在外漂泊十一年的勒讓蒂終於回到了自己的家鄉。他在踏上巴黎土地的時候，會不會想起自己十一年前登船出航的時刻呢？

勒讓蒂出生於一七二五年九月，從小學習神學，本來打算當一名天主教的神父。在讀大學的時候，勒讓蒂偶然聽到天文學家約瑟夫・尼古拉斯・德利爾（Joseph-Nicolas Delisle）教授主講的天文學課程，開始對天文學感興趣。德利爾是法國科學院院士，最早使用水銀溫度計確定了一套溫度測量標準，還教出了梅西耳這樣著名的學生。在德利爾的指導下，勒讓蒂的天文學知識逐漸豐富。德利爾瞅準時機，把勒讓蒂引薦給了當時的巴黎天文臺臺長雅克・凱西尼。七十一歲高齡的凱西尼以優雅的姿態接見了二十三歲的勒讓蒂。凱西尼把所有願意獻身天文學的人都看作自己的孩子，那種父輩的善意和溫暖觸動了勒讓蒂的內心。瞭解到勒讓蒂的興趣後，凱西尼建議他到巴黎天文臺工作，凱西尼的兒子德・圖里和外甥馬拉爾迪可以指導他的工作。[1]

就這樣，年輕的勒讓蒂在巴黎天文臺名師的指導下，逐漸熟悉了儀器的使用，可以執行最精細的觀測任務和最困難的數學計算。因為勒讓蒂的熱切，天文學知識的大門在他的面前開啟。因為勤勞和專注，勒讓蒂得到了一個光榮的機會。

一七六〇年，法國科學院提議，法國政府批准，組建一支奔赴世界各地觀測金星凌日的遠征隊。達奧特羅什前往西伯利亞，潘格雷前往羅德里格斯島，梅森前往蘇門答臘島，而勒讓蒂的目的地是印度的朋迪治里。

為什麼要觀測金星凌日呢？

金星圍繞太陽運動，地球也圍繞太陽運動。金星運動的平面和地球運動的平面幾乎重合，但存在微小的偏差。地球在外圈，金星在內圈。所以在地球上，有機會觀測到太陽、金星和地球恰好在一條直線上。這個時候，我們可以在地球上觀測到金星從太陽表面掠過。因為金星的星光完全來源於太陽光的反射，所以當我們看到金星從太陽表面掠過的時候，完全逆光的金星只有剪影的效果。這個現象叫金星凌日。

但是，金星凌日太罕見了。在最近幾個世紀之內，金星凌日的現象成對出現。一對金星凌日現象間隔八年，而每對之間間隔一百多年。天文學家一般來說只有機會觀測到間隔八年的兩次金星凌日。前兩次金星凌日發生在二〇〇四年六月八日和二〇一二年六月六日。未來兩次金星凌日將發生在二一一七年十二月十一日和二一二五年十二月八日。

觀測金星凌日不僅是為了欣賞罕見的天文現象，還有著重要的天文學意義。十八世紀初，天文學家哈雷提出了一個絕妙的方法，可以精確測量地球到太陽的距離。在發生金星凌日的時候，同時派出多組天文學家在不同地點觀測。因為每個人所在的位置不同，觀測到的金星在太陽表面掠過的方位也有所差別。只要精確測定觀測者所在地之間的距離和觀測到的金星凌日的差別，就可以推算出金星和太陽到地球的距離。在哈雷提出這套方法之後，第一次金星凌日就發生在一七六一年六月六日。法國的天文學家提前一年就選派了精兵強將執行這項觀測任務。

朋迪治里位於印度東南海岸，當時是法國殖民地。從法國出發前往朋迪治里，必須乘船駛出英吉利海峽，進入大西洋，然後一路南下，繞過非洲最南端的好望角，向東進入印度洋，在模里西斯停泊，再根據風向和過往船隻的情況向東北航行，穿越印度洋。勒讓蒂在東印度公司的兩艘船中選擇了擁有五十門大炮的「貝里耶號」。王室大臣和皇家科學院院長拉弗里耶爾公爵給東印度公司下達了明確的命令，要求勒讓蒂乘船前往印度。可是，這個時候的世界也不太和平。

一七五六年，七年戰爭爆發，英法兩大國成了對手。一七五七年，普拉西戰役爆發，英國侵占印度孟加拉地區，威脅了法國和印度之間的貿易通道和法國東印度公司的利益。

一七六〇年三月二十六日，勒讓蒂登船出發。經過四個月的航行，勒讓蒂抵達印度洋上的模里西斯。他瞭解到，英國和法國在印度的戰爭已經爆發，法國的艦船不敢貿然前往印度。而且，東北季風已經來臨，從模里西斯到印度需要逆風航行，效率極低。這個時候，從模里西斯前往印度的航線已經中斷，而勒讓蒂不適應海上航行的生活，在模里西斯患上了痢疾。戰火、風向和身體，面對這三重阻礙，勒讓蒂不得不在模里西斯停留，等待時機。在這期間，他想過要不要直接前往模里西斯附近的羅德里格斯島與潘格雷會合，但這樣就會缺少朋迪治里觀測點的資料，將來運算結果的精確度會大打折扣。勒讓蒂還是決定在模里西斯原地等待。

勒讓蒂等過了夏天、秋天和冬天。第二年的春天，從法國抵達的一艘護衛艦帶來了關於印度戰局的消息。總督和海軍司令決定立即派遣護衛艦前往印度，勒讓蒂的機會來了。海軍向勒讓蒂擔保，就算現在風向不對，他們也能在兩個月內抵達印度海岸。於是，勒讓蒂三月十一日乘坐這艘護衛艦離開模里西斯，十多天後經過留尼旺島，以每天九十到一百二十海里的速度航行。但接近赤道的時候，反方向的季風強勁，護衛艦沒能在正確的航線上繼續前行。護衛艦航行到印度西南部馬拉巴爾海岸的時候，距離金星凌日出現的日期還有十二天。他們得到情報，印度的朋迪治里已經落入英軍的控制下。勒讓蒂在日記中寫道：「對法國來說，這個地方已經不存在了。我們從過往的荷蘭人那裡確認了這個消息……」[2]

無奈之下，護衛艦必須返航。距離金星凌日還有一個星期，勒讓蒂乘坐的法國護衛艦從印度海域返回，一個月後回到了模里西斯。勒讓蒂在模里西斯上岸的時候，此次金星凌日已經過去了十七天。航行千餘里，在海上漂泊一年多的時間，已經和觀測地近在咫尺，卻只能無功而返，我們可以想像他當時強烈的挫敗感。在乘船返回模里西斯的途中，勒讓蒂觀測到了金星凌日。但是，身處顛簸的船上，勒讓蒂無法精確測量任何資料。第一次金星凌日觀測失敗。

沒關係，八年之後還有一次機會。為了萬無一失，勒讓蒂決定留在印度洋上，不回法國了。他可以在這八年期間研究模里西斯的風土人情，測定當地的經緯度。如果能在返回歐洲之前精確測定印度洋一些島嶼的座標，也算得上是腳踏實地的貢獻，不只避免了舟車勞頓，還能提前為下一次金星凌日的觀測做些準備工作。想到這裡，勒讓蒂決定就住在模里西斯，等待下一次金星凌日，也就是八年之後的一七六九年六月四日。

就這樣，勒讓蒂在模里西斯安頓下來。他多次探訪附近的馬達加斯加島和波旁島，探索了非洲東部海域的漁業、風向和潮汐，瞭解當地的農業、飲食、服裝和民族風俗，還經歷了一次嚴重的疾病，需要放血和催吐治療。重病期間，勒讓蒂的視覺出現問題，看東西總是重影。隨著體力慢慢恢復，他的視覺才有了好轉。在這期間，勒讓蒂繪製了非洲東海岸的地圖。它是當時最豐富、最精確的非洲東部地圖。

勒讓蒂在模里西斯生活了五年之後，要開始準備第二次金星凌日的觀測了。他計算了金星凌日出現的時間和位置，認為更有利的觀測地點應該在更東方，比如菲律賓海域的馬尼拉，甚至是西太平洋海域的馬利安納群島。因為金星凌日發生的時候，這些地方的太陽位置更高，更容易精確測量資料。而要前往馬尼拉，必須搭乘前往中國的船隻，向東穿越印度洋，經過麻六甲海峽，進入中國南海，再北上到達廣州，才能到達。這樣的船全年都有。

更幸運的是，軍艦「善勸號」停靠在模里西斯。這艘軍艦此行的目的地就是馬尼拉，而且副船長正好是自己的老熟人卡森斯，勒讓蒂在巴黎的時候就見過他。透過卡森斯的介紹，勒讓蒂認識了「善勸號」的船長。他向船長說明了自己要觀測金星凌日的使命，船長同意勒讓蒂隨船一起去馬尼拉，避免了繞道廣州。航行了大半年之後，勒讓蒂於八月十日到達馬尼拉。

勒讓蒂在馬尼拉大教堂結識了兩位好朋友梅洛和羅克薩斯。梅洛是南美洲的祕魯人，在馬尼拉大教堂擔任教士。按照勒讓蒂的說法，梅洛有著優秀的心理素質，有學問，熱衷於研究，喜歡書籍和數學計算儀器，是非常好的朋友。羅克薩斯是墨西哥人，是馬尼拉大主教的侄子和祕書。梅洛和羅克薩斯輪流照顧勒讓蒂的生活，讓勒讓蒂在這裡愉快地生活了兩年。其間，勒讓蒂幫助卡森斯測定了馬尼拉港口的經緯度。

但是，馬尼拉當時是西班牙的殖民地。西班牙駐馬尼拉總督對法國人不懷好意，不太歡迎勒讓蒂的到來。勒讓蒂透過模里西斯聯繫法國政府，希望得到一封推薦信，幫助自己贏得西班牙駐馬尼拉總督的好感。勒讓蒂收到了法國政府的回信，把它出示給西班牙駐馬尼拉總督，但總督不相信勒讓蒂能在這麼短的時間裡拿到回信，懷疑勒讓蒂偽造了信件，對法國人更加不滿。馬尼拉夏天的天氣也陰晴不定，這讓勒讓蒂犯了難。再加上法國科學院在來信中給勒讓蒂施加了壓力，責備他偏離預定的觀測地點太遠。

勒讓蒂最終決定放棄馬尼拉，還是回到印度的朋迪治里做觀測。在他離開馬尼拉前，梅洛用馬尼拉當地特有的一種木材製作了一張桌子和一把折疊椅，並將它們送給勒讓蒂。勒讓蒂一直隨身帶著這套桌椅，把它當作自己最鍾愛的家具保存著。他與梅洛和羅克薩斯一直到晚年都保持著通信。

開春後，勒讓蒂搭乘了一艘來自澳門的葡萄牙商船前往朋迪治里。一七六八年三月二十七日，勒讓蒂終於抵達朋迪治里，此時距離金星凌日還有一年零兩個月左右，他有充足的時間做準備。

他在朋迪治里持續觀測星空，記了大量筆記：[3]

「這裡一月和二月的星空最美。看過這裡的星空之前，你不可能真的懂得夜晚的美麗。我用十五英尺（約四點六公尺）焦距的望遠鏡看木星如此清晰，空氣太乾淨了，星星沒有任何閃爍。我經常把我的望遠鏡暴露在夜裡，垂直放置好幾個小時，也不會受到露水和濕氣的影響。三月的天氣不是很好，四月的天氣開始變得沉悶，而六月、七月、八月和九月不太適合天文觀測。在這些月分，除了早晨有一段時間是晴朗的，你幾乎沒有任何收穫。十月、十一月和十二月是雨季和冬季……」

金星凌日發生在六月，六月不適合觀測星空。但沒關係，觀測金星凌日只需要早晨的一段時間注視太陽就好……他焦急地等待著、盼望著。附近的英國人給他送來一架非常好的望遠鏡。整個五月，勒讓蒂都在持續觀測。直到六月三日這天，早上的天氣都很好。金星凌日出現的前夜，勒讓蒂還用望遠鏡觀測了木星的衛星，效果極好。

六月四日是星期日，勒讓蒂凌晨兩點就醒了。他感到微風拂面，覺得這是一個好兆頭。可是沒過多久，天空被雲層遮住了。從那一刻開始，他感覺自己註定要失敗了。他躺回床上，強迫自己再睡一會兒，可是完全閉不上眼睛。他再次起床的時候，天氣還是陰沉的，而且東北部的雲層更厚了。五點開始吹起西南風，風越來越大，但雲層一點也沒有改變。五點半左右，風猛烈地吹開天上的雲層，撕開一道透過陽光的口子，但雲層很快又遮蔽下來。海面上的船劇烈搖晃，地上的沙塵盤旋著上升，烏雲一直存在。就在快到七點的時候，天空出現了淡淡的白色，但依然無法分辨出太陽的位置。而這個時候，金星凌日已經結束了。

勒讓蒂的金星凌日觀測再次失敗。

在這一天的其他時間，天空始終晴朗。命運彷彿故意捉弄勒讓蒂，只在金星凌日發生的這段時間裡讓烏雲遮蓋天空。勒讓蒂心灰意冷，在日記中寫道：

「這就是等待天文學家的命運。我已經走了一萬多里路，似乎我穿越了如此廣闊的海洋，把自己從故鄉放逐，只是為了成為一片致命雲彩的旁觀者。這片雲彩在我觀測的精確時刻來到太陽面前，把我痛苦和疲勞的成果帶走。我無法從驚訝中恢復過來，我很難相信金星凌日已經結束了……最後，我在出奇的沮喪中度過了兩個多星期，幾乎沒有力氣拿起筆來繼續做記錄。當我嘗試著記錄報告的時候，我的筆好幾次從手中掉落。」

就在最絕望的打擊中，命運沒完沒了地捉弄勒讓蒂。梅洛寄來了一封信，告訴勒讓蒂，在金星凌日發生的時候，馬尼拉晴空萬里。梅洛自己進行了觀測，把觀測資料寄給了勒讓蒂。這些資料非常精確，科學價值很高。

十八世紀的兩次金星凌日已經全部結束，印度洋多變的天氣讓勒讓蒂再次滯留模里西斯。一年半以後，他才有機會搭乘西班牙的軍艦離開這片失敗的海域。一七七一年十月八日，勒讓蒂終於回到法國，此時距離他離開巴黎已經過了十一年。回到家的勒讓蒂發現，因為長時間斷絕通信，家人以為他已經意外去世。繼承人和債主分割了他的財產，妻子已經改嫁，就連法國科學院也已經將他除名。

勒讓蒂回到了巴黎，卻身無分文，無家可歸，失去了天文學家的頭銜。除了伴隨自己的筆記本和好朋友梅洛送的那套桌椅，他什麼都沒有了。勒讓蒂一口氣把官司打到國王那裡。最終的判決是，法蘭西科學院恢復了勒讓蒂的名譽和職務，但改嫁的妻子和被分割的財產再也回不來了。[4]

花費十一年的光陰，兩次金星凌日觀測都沒能成功，勒讓蒂成了天文史上出了名的倒楣鬼。法國著名天文學家、法國天文學會的創始人和首任會長弗拉馬里翁最早在他的《大眾天文學》中向大眾講述了勒讓蒂的故事。

勒讓蒂的兩次金星凌日觀測都沒有成功，但他成功測量了印度洋和太平洋上幾個重要港口的經緯度，在隨行的筆記中詳細描述了非洲東部、印度東南部和菲律賓等地的見聞，描繪了當地的精確地圖，與地球另一半的學者建立了深厚的友誼，並且得到了在馬尼拉觀測金星凌日的精確資料。

在晚年的時候，勒讓蒂一定會經常坐在梅洛送他的那張桌子前，想念著昔日的航海之旅、熱帶海域的水清沙白、軍艦上的顛簸蕩漾和幾位老友。

05

測量經度的競賽

內維爾・馬斯基林　Nevil Maskelyne
英國皇家天文學家
1732——1811

十八世紀初，西班牙國王卡洛斯二世病情惡化。卡洛斯二世沒有子嗣，他的姐姐是法國國王路易十四的王后，所以他希望路易十四的孫子，也就是自己的外甥孫來繼承西班牙的王位。反對的一方是奧地利，奧地利大公兼神聖羅馬帝國皇帝利奧波德一世企圖讓自己的兒子控制西班牙。英國在這場爭端中站在了奧地利一邊。歐洲各國圍繞西班牙王位繼承權的問題開戰，史稱「西班牙王位繼承戰爭」。一七〇七年，英國派出艦隊，在地中海的土倫港與奧地利軍隊協同作戰。戰爭結束後，英國艦隊在皇家海軍元帥肖維爾爵士的帶領下返航。[1]

起初，艦隊順利地穿過地中海，九月二十九日經直布羅陀海峽進入大西洋海域，再從這裡北上。但進入大西洋後，天氣就一直陰沉。肖維爾爵士召集所有導航員仔細研究了航線，他們認為艦隊需要繼續向北航行，經過布列塔尼半島西側後進入英吉利海峽。

在法國和英國之間的這片英吉利海峽西南部，門戶的兩側分別是法國西北角的布列塔尼半島和英國西南角的錫利群島，兩地相距一百公里左右。大英帝國的艦隊接近錫利群島後才意識到一個令人驚恐的事實，他們算錯了所在位置的經度，艦隊已經嚴重偏航。元帥命令艦隊繼續向東北方向航行。十月二十二日晚上八點左右，旗艦「聯合號」首先觸礁，緊接著，艦隊的戰船依次撞上礁石。[2]十五艘戰列艦、四艘火船、一艘火炮戰船和一艘快艇，整個艦隊二十一艘戰船全部失事，其中四艘主力戰船沉沒，其餘船隻嚴重受損，包括元帥本人在內的近兩千名官兵犧牲。這是大英帝國有史以來最嚴重的海難。

肖維爾爵士的艦隊遭遇的不幸一點也不稀奇。在那個年代，航海活動的死亡率極高，以至於曾經有法律規定，死刑犯如果自願當水手，就可以被赦免，反正出海航行也是九死一生。……問題出在哪裡呢？

航海不同於陸地行動，在汪洋大海之中，經常找不到任何參照物，艦船出海需要經常瞭解自己所在的位置，才能正確規劃下一步的航線。如果不能給自己定位，航海活動就完全等同於賭上生死的行為。我們今天知道，給地球上的一個點定位，需要測定它的經緯度座標。而緯度比較容易。地球赤道的緯度是零度，兩極分別是正負九十度。地球北極的頭頂上空正好對著小熊座最亮的恆星，它就是北極星。在北半球航行的時候，只需要在夜晚觀測北極星，它的高度就是這個地點的緯度。航行在海上的時候，北極星用肉眼就可以看見，如果利用小型望遠鏡和測量角度的儀器，就可以非常精確地瞭解所在地的緯度。即便是航行到了南半球，北極星落到了地平面以下，也可以根據其他特定的星座的高度推導出結果。困難的是經度。

經度不像緯度那樣有明確的起始點，地球上任何一個地方都可以被當成經度的起點。但這還不是最大的問題，憑藉自己的海洋霸權，航海技術領先的英國可以很方便地將倫敦設置為起點。真正麻煩的是，我們需要測量另外一座城市距離倫敦的經度相差多少。這該怎麼實現呢？

地球在自轉，所以我們看到太陽每天東升西落。在一天二十四小時內，地球轉過三百六十度，平均每小時十五度，這是一種比較穩定的時空框架。利用不同地方的時差，理論上就可以計算出經度的差別。舉個例子。倫敦的日晷顯示正午十二點的時候，倫敦的市民會看到太陽大概位於自己正南方的天空中。與此同時，法國土倫看到的太陽已經位於正南偏西的天空中了，這個時候在土倫是十二點三十分。土倫和倫敦這半個小時的時差，就意味著兩地的經度相差大約七點五度。

想要測量某個地方的經度，就需要有比較精確的時鐘可以測量這個地方的時間，再隨身攜帶一座來自倫敦的時鐘，將兩個時鐘一比較，就可以知道這個地方的經度了。這就是測量經度最基本的時鐘法。方法說起來很簡單，當時歐洲早就普及了機械鐘錶，測量經度的原理不存在太大的困難，可是實際操作起來是十分複雜的。首先，是鐘錶的準確度問題。當時的鐘錶都是龐大的座鐘，錶盤下面有一個長長的鐘擺。整個時鐘非常沉重，很難隨身攜帶，旅行者不可能在異地隨時測量。其次更麻煩的問題是，這些鐘錶還不夠準確。

早期的鐘錶每天會出現十幾分鐘的誤差。發展到十八世紀初，最精密的鐘錶誤差已經縮小到了每天只差六秒鐘。這點誤差對於普通人在生活中的使用來說完全沒問題。但是，在航海的過程中利用這樣的鐘錶計算經度，那麻煩可就大了。每天差六秒，就意味著經度相差一點五角分，這個角度的差別對應的直線距離是二點七公里。如果在海上航行三個月，積累起來的差別就會達到兩百多公里。這個距離已經大大超過了英吉利海峽的寬度，對航海來說非常危險。更何況，在海上航行時，笨重的座鐘根本不可能時刻保持最佳的運行狀態，也不可能有專業的技術人員每天提供精密的維護工作。船員面對的實際情況是，航行一段時間之後，船上的鐘錶就基本變成了擺設，實際時間只能靠盲猜。

天文學家當然不能忍受這樣的困境，所以發明了更精確的經度測量方法——月距法。月亮每天在天空中出現的位置是有規律可循的，熟練的天文學家可以透過一系列計算列出月亮每天的位置，再把這些資料印刷成表格出版。航行的時候，船員專門觀察月亮相對於其他恆星的位置，再查詢天文學家提供的表格和公式，就可以算出此刻身在何方。月距法需要計算和大量觀測，看起來挺複雜，但實際上挺管用。月亮在天空中的位置變化規律有十八年的週期，所以只需要前輩天文學家歷經十八年的觀測，把全部資料匯總起來，再利用當時已經很成熟的印刷技術將其批量印刷成手冊，理論上就可以給每個人提供一套月距法操作說明。這樣的手冊在當時不用花多少錢就可以買到。

月距法在地面上實驗完全可行，但到了海上就複雜了。航行中因海浪引起的顛簸，對測量的精確度是極大的干擾。

月距法好用，但不怎麼精確。鐘錶法有可能比較精確，但當時的技術水準製作不出精密的時鐘，經度的測量就這樣陷入了僵局。人們看著時時傳來的海難或失蹤的新聞，已經見怪不怪了。皇家海軍元帥犧牲後，英國政府下定決心一定要解決經度測量的難題。[3] 議會很快通過了《經度法案》，向全世界懸賞能夠準確測量經度的方法，還為此成立了經度委員會，用於審查社會各界提交的方法及管理獎金。測量經度的方法當然是越精確越好。為了鼓勵對精確度的追求，《經度法案》規定：經度測量的誤差在一度以內，可以獲得一萬英鎊獎金；誤差在三分之二度以內，可以獲得一點五萬英鎊獎金；誤差在半度以內，可以獲得兩萬英鎊獎金。十八世紀初的兩萬英鎊，是當時船長年薪的兩百倍，其購買力相當於今天的一億元人民幣。[4] 經度委員會的成員包括議會中德高望重的貴族、皇家天文學家、劍橋大學的數學家和海軍將領。[5]

經度獎金最有力的競爭者是鐘錶法和月距法。

當時的皇家天文學家馬斯基林（Nevil Maskelyne）是經度委員會的成員，他也和之前的天文學家一樣，極為推崇月距法，對鐘錶法不屑一顧。馬斯基林畢業於劍橋大學，曾經做過英格蘭教會的牧師，還擔任過一所學校的校長，後來入選了英國皇家學會、美國科學院和法國科學院，是世界上第一個精確測定地球質量的人。

他在前輩探索的基礎上進一步完善月距法的計算公式，檢驗了大量資料，最終編定了英國當時使用的航海手冊。也就是說，馬斯基林既是月距法的擁護者，同時又是經度測量懸賞的裁判之一。英國的每一艘遠洋艦船上都攜帶著由馬斯基林編纂的月距法經度測量手冊。身兼裁判員、運動員和教練的馬斯基林，對這場競賽的獎金是勢在必得。

月距法的原理需要測量月亮和恆星的位置，再將其代入計算公式或查表得出結果。現代天文學可以證明，這樣的方法受到月亮位置的觀測誤差和星空本身的時間誤差的影響，最精確的情況下會在航海過程中造成二十八公里的誤差。馬斯基林使用月距法在實際測試中的誤差是三十公里左右，已經接近了月距法所能實現的極限水準。

馬斯基林唯一的想法就是繼續完善月距法的計算方式，把資料測量得更精確一點，把公式推導得更簡化一點，把手冊印刷得更簡明一點，把顛簸的海面上測量月亮的儀器製作得更穩定一點。多年來，馬斯基林一直在努力實現這樣的改進工作。他覺得，得到獎金只是時間問題。作為皇家天文學家，他的駐地位於倫敦郊外的格林威治天文臺。他出版的航海手冊和航海天文年曆計算出的經度基於格林威治天文臺的觀測，所以此後，世界經度的起算點就在格林威治天文臺。至此，穿過倫敦和格林威治天文臺的這條經線成為零度經線，也就是本初子午線。

但馬斯基林沒想到，他遇到了一位強有力的競爭對手——鐘錶匠哈里森（John Harrison）。

哈里森意識到，解決經度問題的核心是製造出走時精確的鐘錶，無論是海上的顛簸、海水的侵蝕、長時間的使用，都不能影響鐘錶的穩定運行。要達到這樣的目的，就必須放棄笨重的座鐘，研製小巧便攜的袖珍鐘錶。哈里森一次又一次地鑽研鐘錶的工藝，從他的第一代產品H1，到經反覆實驗製造出的H4，走時越來越精準，整個鐘錶的結構越來越緊湊，體積和重量越來越小。哈里森的H4鐘錶的直徑只有十三公分，相當於我們今天家用的一臺小鬧鐘。這樣的鐘錶不需要反覆調校維護，也取消了累贅的鐘擺，特別適合隨身攜帶。但問題是，它太貴了。

哈里森耗盡畢生精力鑽研鐘錶技術，為了解決精確度的問題不計代價。他的鐘錶裡會使用鑽石、切割精細的金屬絲、特定曲率的曲柄。為了把鐘錶做得儘量小巧輕便，需要使用大量精密加工的零件，手工製作的成本極高，而且難以批量生產。哈里森發明的這種鐘錶最初的時候成本相當於整艘船價格的三分之一。這是無論如何都無法被接受和普及使用的。反觀馬斯基林的月距法，優勢就很明顯了。船長只需要隨身攜帶一本書就能解決問題，批量印刷的計算手冊非常便宜。

面對哈里森的競爭，馬斯基林在經度委員會也是這樣說的：《經度法案》的目的絕不僅僅是先鋒的思想實驗，而是真正解決航海中的實際問題。委員會的委員依然鍾情於月距法。

除了價格和量產的問題之外，馬斯基林代表的經度委員會更關心的是鐘錶的內部結構和科學原理。航海測試證明，哈里森的鐘錶的確表現良好，誤差很小。但是，怎麼證明這不僅僅是一次巧合呢？在缺少足夠多資料支援的情況下，怎麼證明在未來每一次的航海中，這只鐘錶都能走時準確呢？

馬斯基林站在天文學家的立場上，對哈里森提出越來越苛刻的要求。他要求哈里森提供鐘錶的全部圖紙和技術細節，轉讓全部的專利，供經度委員會研究分析使用。馬斯基林還要針對哈里森的鐘錶進行反反覆覆的航海測試。因此，經度委員會給了哈里森幾次規模較小的獎金以示鼓勵，但始終沒有將最終的大獎授予他。

馬斯基林並不是故意排擠競爭對手。作為天文學家，他當然要為科學的嚴肅性負責。我們追求的不是能有用幾次的神祕小盒子，而是人類認知上的飛躍，是能夠普及的飛躍。所以，馬斯基林確實有責任對鐘錶的裡裡外外進行必要的檢查，在依法獎勵哈里森之前設立科學上的種種標準。

哈里森沒有放棄，他研製了新一代的鐘錶 H5，還上訴英國國王，要求獲得自己應得的榮譽。在國王的協調下，馬斯基林也完成了對哈里森鐘錶的檢測工作。經度委員會最終將全額獎金和解決經度問題的最大榮譽授予了鐘錶匠哈里森。

馬斯基林繼續在皇家天文學家的職務上編寫每年的天文年曆和航海手冊，用他癡迷的月距法為航海事業服務。馬斯基林始終堅持，測量經度最可靠的方法就是月距法。這不僅是他一個人的想法，每一代皇家天文學家和大部分精英學者都相信這一點。英國格林威治天文臺出版《航海天文年曆》的工作一直持續到二十世紀。資深的船長都以會觀測、計算和檢索航海曆表為榮。

但是，馬斯基林失算了，那一代的天文學家都失算了。他們不曾想到，隨著實際需求的大增，英國的工業能力直線上升，批量生產哈里森的鐘錶已經變得越來越容易。一隻航海鐘的價格從最初的天文數字，很快就下降到幾十英鎊，這個價格是當時一名熟練工人一年的收入。隨著工藝的進步和製作技術的普及，航海鐘的品質也越來越穩定。花費一個工人的年薪購買一隻航海鐘，使用幾十年也不會損壞，可以一勞永逸地解決航行中的生死問題，所有船長都會認為值得。而且，在航海鐘製造過程中，可以調整加工的工藝，生產出精確度稍差一點的航海鐘，作為低配版用於近海短途航行，價格就可以更低。

馬斯基林和他的同行觀測、計算、統計了一輩子，卻始終用靜態的眼光看待世界。他也許是當時天文學觀測領域的最高權威，可以精確預測十幾年後任意一天月亮的方位，但顯然沒有能力預測人類社會的真實需要和工業革命帶來的翻天覆地的變化。

社會似乎比星空更複雜。

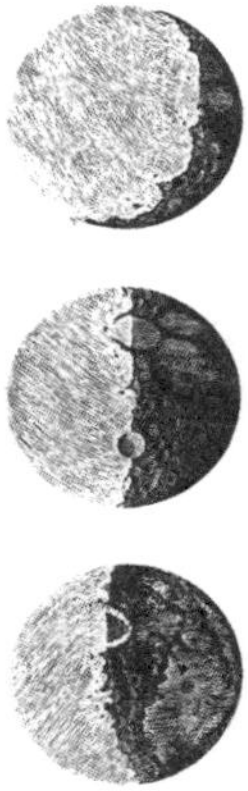

06

用數星星的方式 測量宇宙

威廉・赫歇耳 Frederick William Herschel

英國天文學家、皇家天文官、音樂家

1738——1822

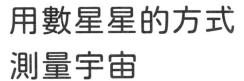

一七三八年，威廉・赫歇耳在漢諾威出生。他出生於音樂世家，是家中第四個孩子，他父親伊薩克・赫歇耳在漢諾威侍衛兵團的軍樂團吹奏雙簧管。家裡的長子雅各後來子承父業，加入軍樂團吹奏雙簧管。小威廉在這樣的家庭氛圍中長大，四歲就可以站在桌子上拉小提琴，之後正式加入父兄所在的軍樂團。軍樂團曾經應邀訪問英國，當時正值歐洲七年戰爭期間。在法國的威脅下，漢諾威侍衛兵團被召回德國，參加哈斯滕貝克戰役。赫歇耳一家身處火線，隨時面臨生命危險。在數不清的夜晚，音樂家們把帳篷搭在泡過水的田間宿營。漢諾威侍衛兵團在失敗後的混亂中潰散，沒有人關心幾位音樂家的處境。為了保護自己的兒子，伊薩克建議威廉離開軍團，逃到英國去。威廉還年輕，沒有真正宣誓服兵役。但為了保險起見，父親還是想辦法爭取到了一份由兵團上校簽署的退伍檔。[1]

逃到英國的威廉・赫歇耳只有十九歲，身無分文，靠給別人抄寫樂譜勉強糊口。後來，威廉在哥哥雅各的介紹下加入了約克郡的小樂團，靠演奏為生。隨著威廉的音樂才華逐漸凸顯，他先後服務於越來越知名和專業的樂團，靠自己的勤奮努力，教授音樂課、作曲、演奏、組織排練，變得越來越忙。終於在巴斯安頓下來後，威廉回漢諾威探親。這時，父親已經去世，威廉將弟弟亞歷山大和妹妹卡洛琳帶回英國，和自己一起生活。

三十五歲的威廉・赫歇耳與家人團聚，在英國站住了腳。從這個時候開始，威廉迷上了閱讀科學和數學類的書籍，其中還有不少天文學著作。他花在音樂上的時間慢慢減少，花在觀察星空上的時間卻越來越多。威廉對科學的興趣並非一時興起。在他還小的時候，漢諾威的家裡就總有全家人討論自然問題的美好時光。妹妹卡洛琳很多年後還記得自己六歲的時候總能在家裡聽到萊布尼茲、牛頓和歐拉這些名字。

當時，望遠鏡還是比較昂貴的東西，音樂家的收入難以負擔奢侈的望遠鏡。威廉・赫歇耳另闢蹊徑，自己動手製造望遠鏡。很快，家裡的每個房間都變成了小工廠。他們找來的木匠在客廳裡製作鏡筒。弟弟亞歷山大有機械才能，負責研磨鏡片。威廉創作歌曲、交響樂，教音樂課，給家庭帶來收入。而妹妹卡洛琳給兄弟倆提供協助。手裡的工作不能停，大家就分批吃飯。有時候，威廉根本來不及放下手頭的事，也顧不上吃飯。威廉每個星期要教授三十到四十節私人音樂課，舉辦一系列音樂會，還要找到靈感創作新曲子。兄妹三人每天共同工作十六個小時，製造了好幾臺性能卓越的望遠鏡。根據威廉自己的回憶，他在巴斯生活期間，製造了兩百多臺兩公尺焦距的望遠鏡、一百五十臺三公尺焦距的望遠鏡、八十臺六公尺焦距的望遠鏡。這些望遠鏡除了他自己使用和送給附近的朋友之外，大部分被賣給了歐洲各地的天文學家，為家裡進一步增加了收入。

在小城巴斯國王街十九號的房子裡，威廉・赫歇耳開始利用自己製造的望遠鏡系統性地觀測星空。他一開始用得最順手的是焦距為兩公尺的望遠鏡。他用望遠鏡掃描夜空中的每一個角落，將觀察到的目標進行記錄和分類。一開始，這樣的工作顯得新奇有趣。但時間一長，最有經驗的天文學家也會覺得乏味無聊，但作為業餘觀察家的威廉卻樂此不疲。當時的天文學家熱衷於用望遠鏡搜尋兩類特殊的天體，一類是彗星，另一類是雙星。

一七〇五年，英國皇家天文學家哈雷出版《彗星天文學論說》，利用牛頓萬有引力定律反覆推算並預言，出現在一五三一年、一六〇七年和一六八二年的三顆彗星可能是同一顆彗星的三次回歸，以約七十六年為週期繞太陽運轉。該彗星後來被稱為「哈雷彗星」。彗星受到牛頓揭示的萬有引力的作用，沿著克卜勒畫出的橢圓形軌道運動，精準地證明了當代科學的偉大精妙。但同時，人們對彗星的形成、內部組成和具體數量等情況又一無所知。彗星成了那個時代既科學又神祕的矛盾體，備受天文學家的追捧。誰要是能獨立發現一顆新彗星，就會收穫巨大的榮譽，也會豐富天文學認知的經驗庫。雙星就更奇怪了。我們的太陽是實打實的單顆恆星，距離太陽最近的另一顆恆星遠在四光年之外。但宇宙裡有太多的恆星成對出現，這就是雙星——兩顆恆星彼此靠近，甚至相互繞轉。根據牛頓的理論，兩顆恆星之間的重力會唯一而精確地決定它們的繞轉情況，而兩顆恆星的間距和質量又會唯一而精確地決定重力。天文學家敏銳地發現，研究雙星，就有機會精確計算出每顆恆星的質量。

威廉初入天文學的門庭，也選擇了彗星和雙星這兩大類最熱門的目標作為自己探尋的方向。搜索新目標，必須對天空進行地毯式的掃描，可以重複，但絕對不能遺漏。這看起來又是非常花力氣的枯燥工作，但威廉做起來卻廢寢忘食。

一七八一年三月十三日晚上，威廉．赫歇耳在國王街的家裡用他的兩公尺焦距、十六公分口徑的望遠鏡觀測夜空。他在望遠鏡裡注意到，在金牛座的天關星附近有一個小光斑。它看起來不像普通的恆星縮成一點，也沒有像雙星那樣呈現出兩個分離的光點，而是模模糊糊的一小塊，像彗星的光斑，卻是圓形，沒有顯示出彗星的長尾巴。從十三日到十七日，威廉對著這個目標連續觀測了幾天，發現它會在恆星的背景上移動，這更確認了它不是恆星和星雲，而是太陽系內的彗星。威廉把他新發現的「彗星」報告給皇家天文學家馬斯基林。四月二十三日，威廉收到了馬斯基林的回信：「我不知道該怎麼稱呼它。它很可能是一顆在接近太陽的圓形軌道上運動的普通行星，也很可能是一顆在非常偏心的橢圓中運動的彗星。我還沒有觀測到它有任何彗髮或彗尾的跡象。」[2]

馬斯基林認為行星和彗星都有可能，但沒有觀測到彗髮和彗尾這樣的彗星典型特徵。難道馬斯基林覺得威廉發現了一顆新的行星？這真是大膽的想法，謙卑的威廉自己不敢有這麼奢侈的希望，他仍然覺得自己發現的是彗星。在俄國工作的芬蘭天文學家萊克塞爾利用威廉的觀測資料計算了新目標的軌道。結果是，新天體在一條近似圓周的軌道上圍繞太陽運動。這就意味著，新天體只能是一顆大行星，一顆與地球、火星和木星一樣級別的大行星，一個新世界。新行星的發現很快被歐洲天文學家普遍接受。威廉也承認，自己發現的不是彗星，而是行星。

赫歇耳發現的新行星，就是後來的天王星。他很快就成了全世界最著名的天文學家，個人榮耀達到頂峰。他獲得英國皇家學會頒發的最高科學獎科普利獎章，並入選英國皇家學會；喬治三世接見了他，並授予他「皇家天文官」職務，年薪兩百英鎊，邀請他搬到王室所在地溫莎居住，以便王室成員可以隨時使用他的望遠鏡。他受封為騎士，參與組建了後來的英國皇家天文學會，擔任首任會長。他入選了瑞典皇家科學院和美國科學院。月亮上的一處環形山、一顆小行星、火星上的一塊盆地和土星光環的一處縫隙分別用他的名字命名。

從難民到勉強實現溫飽的樂師，從愛好天文學的德國「逃兵」到英國國王的騎士，赫歇耳靠勤勞的笨功夫徹底改變了自己和家人的命運。成為皇家天文官的赫歇耳還在繼續天文觀測工作，製造出了一點二公尺口徑的望遠鏡。這臺望遠鏡成為當時世界上尺寸最大的望遠鏡，這項世界紀錄保持了五十年。他用這臺望遠鏡發現了土星的兩顆衛星。

赫歇耳繼續使用地毯式掃描的辦法觀測整個天空。這一次，他要完成一項前無古人的偉大任務：測繪宇宙的形狀。這裡所說的宇宙當然不是今天我們理解的整個宇宙，而是他的望遠鏡所能觀測到的大量恆星的集合，也就是銀河系。在赫歇耳生活的年代，人類還沒有能力離開地球表面，對太陽系的認識也僅僅限制在土星軌道之內。而赫歇耳面對的宇宙，也就是我們今天所知的整個銀河系包含幾千億個像太陽這樣的天體，橫跨幾十萬光年的距離。赫歇耳挑戰銀河系，怎麼看都像是天文學版本的蚍蜉撼樹。他要怎麼做呢？答案是數星星。赫歇耳完成這麼重大的任務所用的方法是如此簡單。他把天空劃分成相同面積的小格子，相鄰的小格子有部分面積重疊。他要用望遠鏡一個格子一個格子地觀測，數清楚每個格子中的各類恆星總數，然後將資料列成清單和繪圖。他的基本思路特別簡單，假設恆星本身的發光能力都差不太多，那麼我們觀測到的恆星的明暗區別就反映了恆星到我們的距離遠近。只要統計一下不同亮度的恆星數量，就可以知道在不同的距離上分布著多少顆恆星。在天空中的每一個格子裡都完成這項工作，就可以繪製出一幅三維的宇宙星圖。

一七八五年元旦那天，赫歇耳在《皇家學會通訊》上發表了自己的結論：[3]

「銀河系呈圓盤狀，太陽位於圓盤中心，在圓盤的一側有一個明顯的分叉結構。」

赫歇耳用數星星的方法，首次探索了銀河系的形狀，並得出了確定的結論，這真是激動人心。只是，他的結論完全錯了。太陽不在銀河系的中心，銀河系裡也不存在赫歇耳所描述的那種分叉結構。赫歇耳錯在哪兒了呢？

直到今天，天文學家還在廣泛使用數星星的方法。只不過，與赫歇耳不同的是，現代天文學家會在赫歇耳方法的基礎上做出兩項改進。第一項改進是，在真實的宇宙中，並非每顆恆星的發光能力都完全一致，所以不能假設恆星的亮度完全反映了恆星到我們的距離。現代天文學家的做法是，根據恆星的顏色和很多其他參數，綜合推斷出它的發光能力，用計算出來的發光能力和觀測到的亮度共同推斷距離。第二項改進是，宇宙並非完全透明的，星光在抵達地球之前，會在星際空間中變暗。彌漫在星際空間中的塵埃和氣體將星光吸收和散射掉了。

因此，真正使用數星星的方法時，還必須修正星際空間的星光損失。赫歇耳的結論中最重大的錯誤就是沒有考慮星光損失。

赫歇耳去世二十五年之後，俄國天文學家斯特魯維（Friedrich Georg Wilhelm von Struve）才在觀測中首次注意到星光變暗的現象。[4] 直到二十世紀三〇年代，美籍瑞士裔天文學家羅伯特・朱利斯・川普勒（Robert Julius Trumpler）才開始正式記錄和研究星光損失的問題。星際之間的彌漫物質造成的星光損失，已經成為了天文學中非常重要和關鍵的研究方向。天文學家把這種星光損失稱為星際消光。在可見光的波段，紫色光的消光效果比紅色光更強烈。遙遠的星光穿透層層迷霧一樣的星際介質之後，殘存的能量會偏紅，所以星際消光還通常伴隨著星際紅化。

當考慮了星際消光之後，我們就會接納自己處在一種尷尬的境地中。無論用多大的望遠鏡，有些東西永遠無法被觀測到。如果星際介質和星際消光在銀河系裡均勻分布，那麼距離越遠的恆星的星光衰減得越嚴重。銀河系深處，尤其是靠近銀河系中心的區域，和我們之間隔著多重星際介質，所以這些區域的星光嚴重減弱。也就是說，赫歇耳數星星的時候，其實根本沒有機會統計到整個銀河系的全部恆星。他力所能及的觀測範圍僅僅是太陽附近的一小塊消光不太嚴重的區域。在這一小塊區域裡，太陽也就自然而然地成了中心。而銀河系真正的中心所在的方向上，聚集著更多的塵埃和氣體，那裡的消光更嚴重，以至於望遠鏡完全無法看透後面的天體。所以，在赫歇耳的視野裡，銀河系真正的中心方向顯示成了空無一物的分叉結構。

現代天文學利用可見光之外的其他波段重新觀測那些區域，才真正有機會看見銀河系中心的樣子，甚至可以看透那些區域，瞭解銀河系另一側的面貌。要看透星際塵埃和氣體的遮擋，就必須使用比可見光的波長更長的波段，也就是紅外線和無線電波段進行觀測。

在發表銀河系結構的研究結果之後很多年，赫歇耳無意中取得了一項新發現。他注意到，在彩虹的紅色光帶之外看不見光的區域，溫度計顯示的溫度也會升高，也就是說，這個區域存在著肉眼不可見的「光」。赫歇耳把紅光之外的這些看不見的光叫「紅外線」。[5] 紅外線恰恰是天文學家研究星際消光和突破消光的障礙直達銀河系中心的有力武器。可惜，赫歇耳沒能進一步應用他發現的紅外線。

赫歇耳沒能正確理解銀河系的形狀和結構，這是他在天文學事業上的巨大失敗，他本人甚至都沒有意識到這一點。在用數星星的方法探索銀河系結構之前，他製造了幾百臺望遠鏡，包括全世界最大的望遠鏡，發現了一顆行星和四顆衛星，將太陽系的範圍擴展了一倍，成為全世界最著名的天文學家之一和歐洲天文學的領袖人物。即便如此，赫歇耳也沒有停下探索的腳步。年輕時養成的笨功夫，在老年赫歇耳心中依然是最重要的行事原則。他放下發現新世界的榮譽，重新披掛上陣，去挑戰從未有人嘗試過的難題。我們從理性上權衡利弊，當然明白這樣的挑戰大概率不會成功。英雄遲暮，盛宴已過，而面對的題目本身又處於當時人類的認知範圍之外。可是這又如何呢？赫歇耳從來都不是為了成功而工作的。

今天依然有很多天文學家在論文裡沿用數星星的方法。星際消光的研究就根植於赫歇耳銀河系結構中的奇怪分叉。少年曾經戰勝過惡龍，但少年老去，竟然有勇氣面對比惡龍更神祕莫測的深淵。也許在赫歇耳敢於向望遠鏡裡凝視深淵的那一刻，他就已經成功了。

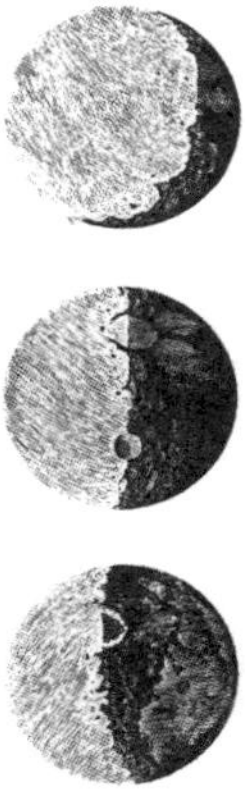

07

精彩的 C 選項

於爾班・勒維耶　Urbain Jean Joseph Le Verrier
法國天文學家、巴黎天文臺臺長
1811——1877

蒙帕納斯公墓位於法國巴黎聖日爾曼德佩廣場南部，與拉雪茲神父公墓和蒙馬特公墓並稱為巴黎三大公墓。蒙帕納斯公墓是法國文藝知識界許多精英的安葬之處。批判現實主義作家莫泊桑、數學家龐加萊、存在主義哲學家薩特和波伏娃等人都長眠於此。它也是安葬和紀念因公殉職的員警和消防員的地方。[1]

蒙帕納斯公墓現在看起來有點擁擠，大大小小的石雕墓碑立在一起，和巴黎常見的楓樹共同懷念著往日的繁榮。在眾多墓碑之間，有一座看起來尤其與眾不同：長方體的石雕墓碑有一人多高，一個大球形的雕塑位於長方體的頂端。球形雕塑的腰線一圈有精細的浮雕。細數一下，浮雕上足足有十二個圖案連成一串，它們是從白羊座到雙魚座的十二個星座。大球稍稍傾斜，莊重中略帶一點機巧。

墓碑正面印刻著墓主人的姓名、生卒年和生前的職務，這個名字在他所屬專業領域之外的大眾流行文化中不算太著名。大球形的墓碑本身已經足以讓遊客好奇，也為墓主人的職務增加了一絲神祕感。

「於爾班・勒維耶　巴黎天文臺臺長　1811——1877」

方便起見，我們在這裡稱呼他勒維耶。勒維耶出生於中產家庭，在巴黎綜合理工學院讀化學系，畢業後在塞納河邊的國營煙草廠當工程師。理工學院給了勒維耶嚴格的數學邏輯訓練。但相比化學專業，勒維耶更感興趣的是天文學。更具體地說，吸引勒維耶利用業餘時間自發研究的課題是關於太陽系的穩定問題。[2]

我們所在的太陽系包括中心天體太陽，以及圍繞太陽運轉的大行星、小行星、彗星和大行星的衛星，再加上塵埃、隕石和其他不速之客。它們共同構成了一個龐大的系統。勒維耶感興趣的問題是，這個系統穩定嗎？穩定是物理學概念，用更加通俗的語言解釋，勒維耶想知道的是，我們現在觀測到的太陽系的基本結構能長時間保持不垮掉嗎？過上幾千年、幾萬年，地球會不會一頭栽到太陽上？火星會不會突然和木星撞在一起？小行星或彗星會不會成群結隊地逃離太陽系？

牛頓已經幫助人類洞悉了一些重要的科學規律。比如，兩個物體之間的重力大小與這兩個物體質量的乘積成正比，與它們距離的平方成反比。這條規律經過不算太複雜的運算和微積分的技巧，就可以推導出天文學家克卜勒發現的另一些規律。比如，行星圍繞太陽運動的軌道是橢圓，太陽在橢圓的一個焦點上。再比如，行星公轉週期的平方和軌道半長徑的立方成正比……。

但是，勒維耶想追問的是，這些規律當中有沒有隱藏著時間的魔法？這些所謂的規律是否假意逢迎人類的探究，背地裡卻成了時間的奴僕？一旦時過境遷，這些看似牢不可破的規律是否真的能毫不動搖？虛假的規律，向時間屈膝；真正的規律，做時間的主人。吳國盛老師在《時間的觀念》中說：「規律行使的地方，時間的意義便退居第二，因為規律要求時間不發表意見、不顯示自己，要求時間不露痕跡。」[3]

太陽系當然還算得上穩定。但在勒維耶出生前，他的法國天文學家前輩約瑟夫．拉格朗日（Joseph-Louis Lagrange）和皮埃爾—西蒙．拉普拉斯（Pierre-Simon Laplace）已經大膽發展了牛頓的力學體系，創建了一門新的學科，專門用來計算太陽系中的太陽、行星和衛星之間的相互作用和軌道參數。這門學科用拉普拉斯的著作《天體力學》來命名。天文學家利用一整套數學公式，只需要知道為數不多的幾個基本參數，就能完全瞭解天上一顆行星的全部運動軌跡，可以預測未來的某一天它位於天空的何方，也可以追溯在歷史上的某一刻，它身在何處。勒維耶尤其熱愛天體力學。在捲煙廠工作的時候，他的數學才能不僅應用在煙草加工上，還會指向天空。

在勒維耶成長的時代，牛頓才離開人世一百多年，在此基礎上發展起來的天體力學剛剛誕生二、三十年。從牛頓到拉普拉斯、拉格朗日，再到勒維耶，一切都發生在一個世紀以內。人類猛然發現，宇宙的規律可以僅憑幾個有限的公式就完整把握。知識界對此驚魂未定，整個社會進入了全新的時代。我們不妨把這個時代稱為人類的「智慧自信」時代。在牛頓身後的這一個世紀，人類第一次發現，僅憑自己的大腦運算，就足以理解天界的運轉法則。人類就像剛上學沒幾天的孩子，放下了手裡的玩具，被智慧與理性的力量震撼得如癡如醉，又自信滿滿。我們給牛頓的結論起了一個驕傲的名字，叫「萬有引力」。蘋果落地和月亮旋轉，甚至是遙遠的彗星和木星的衛星，都遵循著完全相同的法則，宇宙不過是「萬有」寶庫中的不同案例，是蘋果落地的大尺寸版本。

勒維耶遙望一個世紀前的牛頓，再看看自己，也是自信滿滿的樣子。自信的勒維耶告別了捲煙廠，加入了巴黎天文臺。

他用行星的位置資料，代入天體力學的公式做驗證。金星、地球、火星、木星和土星，都在誤差能接受的範圍內老老實實地運行。也就是說，天體力學公式預測的行星位置，與實際觀測的位置完全相符。這真是一拍即合，皆大歡喜。觀測和理論的符合，既能證明觀測技術的精緻，又能證明理論的完美。但水星和天王星成了害群之馬。就當時而言，水星位於最內側，離太陽最近。天王星位於最外側，離太陽最遠。就在這冰與火的兩極，水星和天王星的運行軌道似乎有些不太規矩，理論計算的位置和實際觀測的位置偏差比較明顯。

理論和觀測，到底哪個錯了？

勒維耶此刻只有兩個選擇：牛頓錯了，或者觀測資料錯了。如果選擇牛頓錯了，牛頓體系已經確認的無數現象要怎麼解釋呢？用牛頓理論計算確認的哈雷彗星要怎麼理解呢？理論可以完美解釋的另外五顆行星怎麼辦？但如果選擇觀測資料錯了，全世界的天文學家苦心孤詣建造的一代又一代大望遠鏡，一代代繼承和完善的觀測技術，比銀行業記帳還要嚴格的觀測資料記錄和保存模式，都靠不住了嗎？

兩難中的勒維耶哪個也沒選，他不敢放棄牛頓，也不甘心放棄觀測，他選了C選項。

勒維耶的C選項是：牛頓是對的，觀測資料也沒錯。天王星的運行不正常是因為在天王星的軌道之外，還隱藏著另一顆行星，這顆行星的重力干擾了天王星。它離太陽更遠，反射陽光更少，看起來更暗一些，所以我們還沒有發現它。而且它在更大的軌道上圍繞太陽運轉，所以跑得更慢，即便被發現，也可能被混同於一般的恆星。

這真是一個天才的選項。勒維耶在什麼也沒捨棄的情況下，闖出了一條新路，而且看起來很有道理。

新選項發表之後，沒有引起太多人的關注。主要原因是勒維耶名不見經傳。他自己所在的巴黎天文臺臺長也勸他放棄離譜的想像。遠在德國的柏林天文臺卻願意幫他觀測。天文學家約翰・格特弗里德・加勒（Johann Gottfried Galle）用望遠鏡指向勒維耶預測的位置，真的發現了星圖上沒有標記過的一個新天體。

經過後續的一系列觀測和計算，新天體被確認為太陽系內的一顆行星，大小接近天王星的尺寸，到太陽的距離比天王星更遠，一切都讓勒維耶說中了。[4] 這就是海王星。

中了頭獎的勒維耶一舉成名，成了世界上最重要的天文學家之一，也成為巴黎天文臺臺長，被人讚譽為「用鉛筆發現了新行星」。天王星的問題解決了，但故事還沒結束。水星怎麼辦呢？

前有牛頓、拉普拉斯和拉格朗日的理論坐鎮，後有自己的新發現撐腰，勒維耶在這個自信的世紀比誰都更自信。他利用天王星的軌道異常情況發現了搗亂的海王星，以完全相同的處理方式，一定也能讓他利用水星的軌道異常情況再發現一顆搗亂的新行星。為什麼這顆給水星搗亂的傢伙還沒被人類發現呢？因為它離太陽太近了，大多數時間都隱沒在太陽的光芒中，難以被觀測。

心急的天文學家給這顆想像出來的行星起了個名字。他們認為新行星距離太陽更近，那一定熱得嚇人，就像身處熊熊烈焰中的火神武爾坎努斯。我們用中國神話中的火神祝融與之對應，把武爾坎努斯翻譯為祝融星（Vulcan）。

這下可好，祝融星成了天文學家熱議的流行話題。那個年代要是有網路搜尋榜單，前五名一定是「祝融星定名」、「巴黎天文臺發表祝融星證據」、「勒維耶聲明」、「祝融星引發觀測熱」和「多國修改教科書，加入祝融星」，並且討論熱度會持續好幾年。

全世界的天文學家都被號召起來，尋找太陽系中的新天體。他們兵分兩路，負責理論計算的一派都在利用牛頓的萬有引力定律和拉普拉斯的天體力學知識。這一派的代表人物除了勒維耶之外，還有眾多資深的物理學家和數學家，比如蘇格蘭科學家湯瑪斯・迪克和法國科學院院士、索邦大學教授、發明巴比涅透鏡、提出巴比涅原理的雅克・巴比涅。

另一派負責觀測。他們打磨更精確的鏡片，製造更精巧的望遠鏡，組織更龐大的觀測隊伍，長途跋涉到更荒蕪的土地上，觀測太陽和太陽附近的天空。加入這一派的是一批更重量級的天文學家：伯恩天文臺臺長、兩所大學的教授、研究太陽黑子的權威馬克西米利安・弗朗茲・約瑟夫・科內柳斯・沃爾夫，《天文學期刊》創始人、阿根廷天文臺創始人、天文照相技術發明者班傑明・阿普索普・古爾德，以及美國底特律天文臺臺長、教授、美國科學院院士詹姆斯・克雷格・沃森……。

毫不誇張地說，從十九世紀最後幾十年開始，一直持續到二十世紀初，世界天文學家共同面臨最熱門的研究課題就是尋找祝融星。一方面，牛頓和拉普拉斯的地位不可動搖，無數彗星軌道、小行星和海王星的發現都證明了這一點。另一方面，誰都想效仿勒維耶，為行星家族增添一個新成員，也讓自己成為世界天文學家的領袖。

但事實並不像勒維耶期待的那樣。

在他後半生的幾十年裡，世界各地時常有人報告發現了祝融星，但進一步跟蹤觀測後又總會丟失目標。勒維耶窮其一生，也沒有找到祝融星。他因發現海王星而功成名就，但直到離開世界的那一刻也不明白，他窮追不捨的祝融星到底躲哪裡去了。這實在是勒維耶最大的遺憾。

勒維耶被安葬在蒙帕納斯公墓後第四十年，就在當初幫助勒維耶發現海王星的德國柏林，年輕的愛因斯坦頂著蓬亂的頭髮走上普魯士科學院的講壇，證明了水星軌道的異常不需要另一顆行星的干擾，水星自己就具備不安分的特質。愛因斯坦的廣義相對論證明，離太陽太近時，因為重力太強，必須對牛頓的理論做出修正。愛因斯坦寫完公式後，扔下了粉筆，祝融星被一擊而亡。簡單地說，在特定情況下，牛頓錯了。當年被勒維耶放棄的A選項才是水星問題的正確答案。

勒維耶成功地發現了海王星，卻在解決水星問題時失敗了。他抓住了海王星，卻搞錯了祝融星。就在這一得一失之間，人們發現，同樣的規則適用於太陽系中廣闊範圍裡的大部分行星，卻在水星身上徹底失效了。失效的原因只是水星離太陽太近。所以，牛頓的理論和需要修改的牛頓理論，只是同一種規律在不同環境中的兩種表現形式。一旦我們可以用更廣闊的視野看待太陽系，所有的現象就都可以融合起來。

水星的問題解決了，讓我們再看看勒維耶的失敗。

用科學的語言來說，勒維耶的C選項沒有改變任何現存的科學範式，卻用發展的眼光預言了尚未發現的新因素。這是非常高級的科學思維。更厲害的是，這個選項自帶檢驗方法。我們只要用更厲害的望遠鏡更細心地觀測，找到這顆隱藏的新行星，就可以證實C選項的正確。反過來，如果根本找不到目標，C選項就沒有可靠的證據支持，也就成了不可靠的理論。這種理論自帶可以證偽的方法，符合科學的基本規則。但這一項思維方式的唯一缺陷是，它太好用了，用久了容易讓人上癮。

C選項的思維方式使勒維耶發現海王星，也讓他止步於祝融星。勒維耶的失敗，不是失敗於科學探索的態度，也不是失敗於不夠開闊的眼界。他的失敗，同時也是當時大部分天文學家的失敗，是集體的思維定式，是人類對成功方法的依賴。也只有愛因斯坦這樣的頭腦，以及相對論這樣的顛覆，才能徹底解決祝融星的問題。也就是說，反覆依賴某種成功的方法，反而阻礙了更多的創新，更大的突破必須依靠更具顛覆性的理念。

勒維耶的失敗，也許只是某種更大成功的前奏。

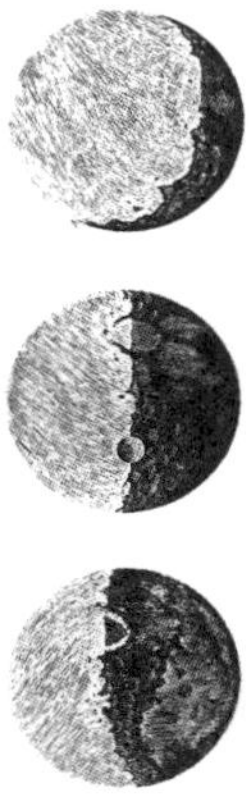

08
弄丟了一顆小行星

朱塞佩・皮亞齊　Giuseppe Piazzi
義大利神父、神學教授、天文學家
1746——1826

西西里島是地中海的第一大島嶼，屬於義大利南部的西西里大區。島上的埃特納火山海拔三千三百二十三公尺，是歐洲最高的活火山，也是世界上最活躍的火山之一。十八到十九世紀，西西里先後被薩伏依王朝、奧地利、西班牙和法國波旁王朝統治，直到一八六一年才成為義大利的一部分。在古代神話中，西西里這片土地的守護神是農神的女兒、眾神之王朱比特的姐姐、十二主神之一的穀物之神，她也是歐洲人最喜愛的女神之一。她教會了人類農耕技術，賦予大地勃勃生機。她在希臘神話中的名字是狄蜜特，在羅馬神話中的名字是刻瑞斯（Ceres）。她象徵著穀物，就像西西里島上廣泛種植的小麥和玉米。[1]

太陽系裡的一顆小行星以女神刻瑞斯的名字命名，它的軌道位於火星和木星之間。它一千六百八十二天圍繞太陽一圈，天文學家稱它為穀神星。穀神星最亮的時候，亮度也低於肉眼所能看到的極限。所以在望遠鏡被發明之前，人類沒有機會感知到穀神星的存在。

在西西里總督卡拉馬尼科親王的建議下，兩西西里國王斐迪南一世決心建立一座自己的天文臺，招納優秀的天文學家來到西西里工作。當時，西西里是個偏僻的所在，歐洲大陸的貴族精英和學者都不屑於到訪這樣的荒涼之地，更別提奉獻自己的一生了。如果沒有豐厚的待遇，恐怕新天文臺很難招攬到優秀的人才。經過幾輪選聘，當地天主教會的神父、神學教授和天文學家朱塞佩・皮亞齊成功當選新天文臺臺長。歷史上著名的巴勒莫天文臺宣告成立。國王將籌備建造巴勒莫天文臺的相關許可權授權給皮亞齊後，皮亞齊走馬上任。[2]

為了打造一座像樣的天文臺，皮亞齊決心購買最優良的天文學儀器。他遍訪歐洲大陸，從巴黎到倫敦，結識當時著名的天文學家。凱西尼、惠更斯和馬斯基林等人都成為他的朋友。皮亞齊在倫敦拜訪了比自己年長十一歲的科學儀器製造大師傑西・拉姆斯登，請他為建設中的巴勒莫天文臺打造大型天文觀測儀器。這臺儀器叫拉姆斯登環，是將一臺七點五公分口徑的望遠鏡安裝在精確轉動的經緯度座標環框架內，可轉動的座標環框架直徑一點五公尺。利用這樣的儀器，天文學家可以精確分辨天空中一個角秒的角度偏差。一七八九年，拉姆斯登為皮亞齊定制的天文觀測儀器完工，被運送到巴勒莫天文臺安裝。[3]

第二年，巴勒莫天文臺正式落成，皮亞齊開始在巴勒莫天文臺持續進行觀測工作。拉姆斯登的儀器投入使用十年後，即一八〇〇年十一月五日，六十五歲的拉姆斯登在英國布萊頓去世。[4]

在此之前，人類已經認識了水星、金星、地球、火星、木星和土星這六顆太陽系裡的大行星。天文學家提丟斯（Johann Daniel Titius）和約翰・波得（Johann Elert Bode）發現，這六顆大行星到太陽的距離似乎遵循著某種數學規律。如果把土星到太陽的距離當成一百個單位，那麼水星到太陽的距離就是四個單位，金星到太陽的距離是四加三，共七個單位，地球到太陽的距離是四加六，共十個單位，火星是四加十二，共十六個單位，木星是四加四十八，共五十二個單位，土星正好是四加九十六，共一百個單位。也就是說，每顆行星到太陽的距離都是四加上三的倍數，三的倍數依次倍增。水星不加倍，金星要在四的基礎上加一倍的三，地球要在四的基礎上加兩倍的三，火星要在四的基礎上加四倍的三，以此類推。[5]

提丟斯和波得提出的這條定則也被一些人質疑，認為他們只是在湊數。沒過多久，赫歇耳發現了天王星。天王星到太陽的距離是一百九十二個單位，提丟斯－波得定則計算出來的距離應該是四加一百九十二，共一百九十六個單位，非常接近天王星的實際資料，定則再次得到驗證。

但是，大家也發現，在火星的四加十二和木星的四加四十八之間，空缺了一個四加二十四的位置。也就是說，按照提丟斯－波得定則，應該還存在一顆大行星，位於火星軌道和木星軌道之間，到太陽的距離恰好是二十八個單位，它在哪裡呢？

一八〇〇年，德國哥達天文臺臺長弗朗茨・克薩韋爾・馮・紮奇（Franz Xaver von Zach）正擔任德國天文學期刊《每月通訊》（Monatliche Correspondenz）的主編。他向二十四位傑出的天文學家發出邀請，成立一個非正式的聯合天文學會，俗稱「天空員警」組織，共同抓捕這顆漏網的行星。二十四位天文學家包括著名的赫歇耳、貝塞爾、馬斯基林、梅西耳和提出定則的波得本人，皮亞齊也位列其中。「天空員警」的總部位於德國小城利林塔爾。

一八〇一年一月一日，皮亞齊照例在巴勒莫天文臺執行觀測任務。他的計畫是逐個確認星表上前人標記的恆星。在觀測到第八十七號恆星的時候，皮亞齊在這顆本來的目標恆星附近，發現了星圖和星表上沒有記錄過的新目標。發現新目標總是讓人很興奮，他趕快把注意力放在新的目標上，接連幾天觀測它。他在觀測記錄中寫道：「它有一點暗，顏色和木星差不多。」像皮亞齊這樣受過專業訓練的天文學家，很容易在持續的觀測中發現新目標和周圍的恆星運動不一致，也就是說，它在恆星整體的背景上移動。進一步說，這樣的天體位於太陽系之內，很可能是彗星。

皮亞齊相信自己可能發現了一顆新的彗星。為了明確計算彗星的軌道，當時唯一可行的方法就是持續不斷地跟蹤觀測它，完整地勾勒出它的運動軌跡。皮亞齊對新目標進行了二十四次觀測，確認了它在緩慢移動的事實，但也開始懷疑它可能不是彗星。他在給朋友巴納爾巴・奧里亞尼的信中說：「我把這顆星當作彗星向你介紹，但由於它沒有出現星雲狀的東西，而且它的運動速度非常緩慢，且相當均勻，我覺得它可能是比彗星更好的東西。不過，在向公眾公布這一猜想時，我應該非常小心。」[6]

一八〇一年二月十一日晚，皮亞齊又對新目標進行了觀測。但就在這之後，皮亞齊突然病倒了。這一病就是兩個月，其間又趕上地中海冬季連綿的雨天，觀測始終無法展開。直到一八〇一年四月康復後，皮亞齊才重新投入工作。

可是，間斷了兩個月之後，那個奇怪的新目標在哪裡呢？皮亞齊找不到它了。在一八〇一年的第一天，皮亞齊發現了一個新天體。但幾個月之後，皮亞齊又把它弄丟了。[7]

四月，皮亞齊整理了自己之前的觀測資料，向「天空員警」做了通報。馮・紮奇主編的《每月通訊》在九月發表了皮亞齊的資料。耽誤了幾個月之後，新目標的位置已經明顯改變，現在它已經靠近了太陽，暗弱的目標淹沒在太陽的光輝裡，跟隨太陽在白天出現，「天空員警」的其他成員沒能確認皮亞齊的發現。眼看著接近年末，目標逐漸遠離了太陽，現在有機會重新觀測它了。但從皮亞齊第一次發現它到現在，差不多有一年的時間跨度，誰也沒有辦法預測它會出現在天空中的什麼方位。正在天文學家一籌莫展的時候，哥廷根大學的一位年輕數學家聽說了他們的困境，決定出手相助。這位數學家很快就會被世人熟知，全世界很多孩子聽過他小時候快速計算從一加到一百的數值的故事。他就是當時只有二十四歲的高斯（Carl Friedrich Gauss）。

高斯發現，天文學家面對的問題是，這個新天體只被皮亞齊觀測了一個半月。在這段時間裡，目標在天空中移動了三度，只相當於整條軌道上百分之一的弧長。因為每次觀測都有一定的誤差，所以無法利用最初一個半月的資料精確推測出它在一年後的位置。高斯緊張工作了三個月，他知道目標必然圍繞太陽運動。根據克卜勒定律，其運動軌道是一個橢圓。為此他發展了一套新的數學方法，只需要知道橢圓的一個焦點位置，也就是太陽，知道三次觀測的位置，還知道這些位置之間的時間跨度，就可以列出八個數學方程式。他解算這些方程式，得到的其中一個解就是地球本身的軌道，這當然是已知的。高斯再根據有效的物理限制，把其他的解分離出來，得到了新目標的軌道。高斯在計算中的所有觀測資料都包含誤差，但依然能夠估算出可靠的結果。

一八〇一年十二月三十一日夜裡，根據高斯計算的結果，馮・紮奇在哥達天文臺再次發現了新目標。第二天夜裡，同樣是「天空員警」成員的威廉・奧伯斯（Heinrich Wilhelm Matthias Olbers）在布萊梅天文臺也發現了目標。經過「天空員警」和偉大數學家的共同努力，皮亞齊的新行星失而復得。高斯在計算軌道的過程中用到了好幾種全新的數學方法。比如，為了理解皮亞齊的觀測誤差，他發展出了誤差的正態分布方法；為了利用帶有誤差的資料進行計算，他發展出了最小平方方法的資料擬合方法；為了簡化資料計算的過程，他發展出了快速傅立葉轉換的方法；為了簡化牛頓的萬有引力的計算，他引入了高斯引力常數。在一顆新行星的發現過程中集中湧現的數學方法，成為今天天文學和物理學科系學生的必修課內容。高斯也因為這樣的貢獻，成為哥廷根大學教授和哥廷根天文臺臺長。新行星和高斯互相成就了彼此。

新行星距離太陽二十八個單位，準確符合提丟斯─波得定則的預測。人們相信它就是火星和木星之間空缺的大行星。行星軌道一經確認，就成為緊隨火星之後的第五大行星。皮亞齊也擁有了與赫歇耳相似的地位和榮譽。他最終取了巴勒莫天文臺所在的西西里島守護女神的名字，把這顆新行星命名為刻瑞斯，也就是穀神星。一年後，化學家在礦井中發現了一種稀有的化學元素，原子序數為五十八。為了向發現穀神星的天文學家致敬，化學家把新元素命名為「刻瑞斯」

元素，也就是鈰元素。二氧化鈰是用於光學鏡片打磨拋光的最好材料。現代天文望遠鏡的製造離不開二氧化鈰的打磨工藝。天文學家發現穀神星，賦予鈰元素有意義的名字。鈰元素的物理和化學性質又反過來說明天文學家製造優良的望遠鏡。這又是一場相互成就。

但好景不長，在接下來的幾年內，「天空員警」成員又接連發現了三顆行星。它們到太陽的距離都和穀神星差不多，也位於火星軌道和木星軌道之間。奧伯斯在一八〇二年和一八〇七年分別發現了智神星和灶神星，卡爾・路德維希・哈丁在一八〇四年發現了婚神星。同一個軌道上有了四顆行星，天文學家開始懷疑，穀神星和另外三顆行星其實都算不上是一顆大行星。後續的觀測漸漸證明，這些行星本身的尺寸都很小。雖然當時對行星直徑的測量很不精確，但可以確定它們的大小都遠遠比不上月亮。僅僅半個世紀之後，天文學家已經在這個位置上發現了一百顆行星。從此，這一類天體都不再被當作大行星看待，而是被共同列入一個新的分類，即小行星。穀神星也就成為了第一顆被發現的，也是最大尺寸的小行星，即一號小行星。其他小行星按照被發現的時間順序編號。二〇〇六年，穀神星被國際天文學聯合會重新定義為矮行星，這就是後話了。到今天為止，天文學家已經確認發現的超過一公里直徑的小行星超過了一百萬顆。在火星和木星軌道之間，不存在一顆大行星，取而代之的是數以百萬計甚至更多的小行星、塵埃、隕石和碎片。為什麼在本該出現大行星的地方現在只剩下一片「廢墟」？是曾經的大行星破碎成了現在的樣子，還是別的什麼原因讓這裡的行星原材料根本來不及完成組裝？這些都是現代天文學中最重要的尖端問題。

皮亞齊弄丟了穀神星，直接的原因是皮亞齊的身體疾病和天氣狀況影響了持續的觀測。但更深層次的原因在於，十七、十八世紀天文學的主要工作方式，依然是守株待兔與漫天撒網的結合。天文學家能夠發揮聰明才智的地方就是全身心撲在夜晚的望遠鏡上，用自己的眼睛掃視星空、觀察、記錄，再觀察、再記錄。遍布歐洲的天文學家群體之間形成了巨大的通信網路，但這樣的組織也僅僅是讓更多的人參與到守株待兔和漫天撒網的工作中來。丟失穀神星的真正原因是缺少必要的數學方法，穀神星失而復得靠的是高斯及時發展出了必要的思維工具。

因此，馮・紮奇後來說：「如果沒有高斯博士的智慧工作和計算，我們可能不會再找到穀神星了。」

按照柏拉圖的說法，天文學家並不只是追求更好的視力以觀賞星空，否則他們和鳥沒什麼不同。[8] 天文學顯然不是鳥的科學，而是人類對宇宙的深層次理解。理解從觀察出發，但絕不能止步於觀察本身。天文學的發展依賴望遠鏡的使用，但同時也不能忽略數學、物理學、化學和地質學等多學科的共同引領。在皮亞齊生活的年代，歐洲各地先後興建了大大小小的天文臺，由貴族、哲學家、音樂家、數學家、神學家兼職觀察星空的時代漸漸落幕，專業的天文臺、專職的天文學家和專業的數學家與物理學家通力合作，逐漸形成了更專業化的天文學研究體系。皮亞齊是最後一位只靠觀測就能理解新目標的天文學家，也是第一位必須借助數學工具才能更深刻理解宇宙的天文學家。

為了紀念皮亞齊，小行星一千被命名為皮亞齊星。哈伯太空望遠鏡在穀神星上發現了一個隕石坑，它被命名為皮亞齊坑。

09
夜空為什麼是黑的？

海因里希・奧伯斯　Heinrich Wilhelm Olbers
德國天文學家、醫生
1758——1840

德國北方城市布萊梅的老城區東側城牆遺跡附近是現在的城市圖書館。圖書館裡陳列著一百多年前德國最著名的雕塑家克利斯蒂安．丹尼爾．勞赫創作的名人半身雕像。與城市圖書館一街之隔的老城牆的遺址，現在是一座公共綠地公園，這裡豎立著同一位名人的雕像。雕像人物身穿長袍，左手拿著小望遠鏡。雕像底座正面的浮雕是他正在觀察星空的場景，帶翅膀的天使陪伴著他，為他的望遠鏡指明方向。底座背面的浮雕是這位學者以醫生的身分坐在病患的床邊問診。這是布萊梅第一座豎立在戶外的人物雕像。[1] 兩座雕像都是為了紀念布萊梅歷史上最偉大的學者奧伯斯。

著名的天文學家奧伯斯同時還是數學家、物理學家和傑出的醫生，他也是馮．紮奇發起的尋找行星的「天空員警」團體的一員，以團隊領袖的身分協調其他成員的工作。他一生發現了兩顆小行星和一顆彗星，正確解釋了為什麼彗星的尾巴指向太陽的反方向。他入選英國皇家學會、瑞典皇家科學院、美國科學院和荷蘭皇家科學院。奧伯斯把自己的房子改建成天文臺，據說他每天的睡眠時間不足四個小時。一八四〇年，奧伯斯在德國布萊梅去世。布萊梅為奧伯斯建造了許多座雕像，以紀念布萊梅這位最傑出的市民。

就是這樣一個人，在晚年卻被一個簡單的問題困擾著。今天你向身邊的任何人提出這個問題，他大有可能嫌棄你的問題毫無意義。這個問題簡單到大部分人都不會把它當成一個真正的問題，它只是一個傻裡傻氣的、看起來完全多餘的問題。但是，你只要真誠地花過幾年時間陪伴一個孩子的成長，就會知道，孩子提出的問題越是看起來簡單，越讓人難以回答。簡單的問題更接近本質。困擾奧伯斯的問題就是比較孩子氣的問題：「夜空為什麼是黑的？」[2]

夜空為什麼是黑的？奧伯斯用孩子般的心靈提出了一個好問題。我們還可以換一個問法：白天和黑夜為什麼看起來不同？

最自然的答案是，因為夜晚沒有太陽，太陽照耀的時候是我們的白天。沒錯，因為地球自轉，我們大約有一半的時間見不到太陽。地球自轉再加上地球本身不透明，造成了晝夜交替。但是，夜晚和白天相比，缺少的只是太陽這一顆恆星，夜晚的星空中還有無數顆其他恆星。就像我們如果站在森林中，無論看向哪個方向，目光所及之處都會遇到一棵樹。

你知道每一顆恆星都是一個太陽，都在發出耀眼的光芒。但是你說，白天的太陽離我們很近，所以我們接收到更強烈的光照，照亮了整個天空；而夜晚，很抱歉，眾多恆星都離得太遠了，它們的光走到我們面前的時候已經大大衰減。因此，奧伯斯問題的正確答案是，太陽比群星近得多。你接受這個答案嗎？

等一等，事情沒有這麼簡單。

雖然夜空中的群星距離我們比太陽更遠，每顆星的星光抵達地球的時候確實都已經非常黯淡，但群星的數量無窮無盡。站在夜晚的大地上仰望天空，我們面對的是半邊宇宙的全部星辰。無限大的宇宙中包含著無窮多的恆星。即便每一顆恆星的星光和太陽相比微不足道，但無窮多個微不足道疊加起來，也應該得到一個足夠大的總和，產生足夠大的光亮，使其亮度能夠超過太陽。再看白天的情況，除了近處的太陽之外，太陽身後也同樣有著半邊宇宙的全部星辰，它們的光芒全部疊加在一起，也應該是足夠大的光亮，勝過一顆有限的太陽。也就是說，無論白天還是黑夜，我們仰望的天空都應該充滿璀璨的光芒，點綴其間的太陽才真的是微不足道的螢火。

十八世紀的天文學家沒有能力探索宇宙的邊界，他們完全相信宇宙無限大，其中蘊含的恆星也無限多。牛頓在一七〇四年的著作《光學》中說：「宇宙可以被分成不同的組成部分，它們具有不同的密度和力，自然規律可能也不相同，我在這一切中沒有看到什麼矛盾。」[3] 牛頓從重力的角度來思考宇宙。他認為如果宇宙有限，而且其中分布著天體，這些天體之間的重力相互交織，太過複雜，稍有一絲一毫的改變，就可能對全域產生不穩定的影響，最終導致整個宇宙中的全部物質都相互吸引合併到一起。所以，宇宙必須無限大。換句話說，如果不承認宇宙無限大，牛頓的宇宙體系就無法成立。在牛頓的體系之中，宇宙的時空是靜止的，宇宙的年齡和尺度都無限大。後來的天文學家受到古希臘哲學和牛頓力學的影響，比如，高斯和拉普拉斯都從觀念上相信宇宙無始無終，也無邊無際。這些觀念帶來了顯而易見的好處。假如宇宙有限，天文學家還要費盡心力解釋有限的宇宙外面是什麼，宇宙出現之前的時間是什麼。無限的宇宙把這些麻煩都避免了。

可是，天文學家堅信宇宙無限，就必須面對奧伯斯提出的「孩子氣」的問題。

無限多的小星星加起來，還比不過一個太陽嗎？

奧伯斯於一八四〇年去世，他終其一生也沒能想通這個簡單的問題。這類問題看似完全不合邏輯，但實際卻真實地發生著。這個世界上的狐狸、狼、獾、刺蝟和夜鶯，晚歸的旅人、水手、天文學家和睡不著的孩子，都進行過科學史上一項偉大的觀測，他們也得出了相同的結論，即夜晚是黑的。哲學家把這一類問題稱為「悖論」。奧伯斯悖論是奧伯斯所提出最古怪的問題，也是整個十八世紀最古怪的科學問題，奧伯斯自己和世界都無法回答。他把這個問題擱置起來，留待後人解決。後來的天文學，尤其是現代宇宙學為了回答奧伯斯悖論而絞盡腦汁，提出了經典的宇宙學體系，成為我們今天對整個宇宙最完整的認知。

為了徹底回答奧伯斯悖論，我們必須引用現代天文學的三個基本事實，每一個都顛覆了人類對宇宙的傳統經驗。第一個是光速有限，第二個是宇宙的年齡有限，第三個是宇宙正在膨脹。

西芒托學院測量光速的實驗失敗了。在人們的經驗中，光速依然被看成無限大。一顆恆星發光，它的光芒立即被我們接收到，不需要等待的時間。所以，近處的恆星和遠處的恆星的星光會被我們同時觀測到。所以，夜空中遠近不同的恆星的星光全部疊加起來，理應呈現出和白晝一樣明亮的天空。

但實際情況是，光速有限。星光需要花費漫長的時間才能跨越巨大的宇宙星際空間。我們看到的月光是月亮一秒多鐘之前發出的，我們看到的比鄰星是它約大約四年前的樣子，來自銀河系中心的光發出的時候，人類還處在舊石器時代。距離我們越遠的天體，需要越長的時間把星光送達給我們。

宇宙也並非本來就有，亙古未變。宇宙有它誕生的那一刻，時至今日，有確定而有限的年齡。

星光的傳播需要時間，而宇宙的年齡有限，這就意味著一個十分尷尬的事實：有些非常遙遠的星光傳播到我們眼前的時間可能大於宇宙年齡。也就是說，特別遙遠的星光根本就來不及傳過來。只有在宇宙年齡之內來得及抵達我們的星光才能被我們看見。我們能夠接收到並且疊加起來的星光，只是以我們自己為中心的一個圓球範圍內的星光。這個圓球的半徑是光速乘以宇宙的年齡。現代天文學把這個圓球叫「可觀測宇宙」，顧名思義，它只是整個宇宙中有機會被觀測到的部分區域。隨著時間的推移，宇宙年齡增長，就會有更多恆星的星光來得及抵達我們身邊。也就是說，越來越多的星光將被包括到可觀測宇宙範圍之內，可觀測宇宙的範圍逐漸變大。

不僅如此，宇宙還在膨脹。膨脹中的宇宙，讓遙遠的星系和恆星到我們的距離越來越遠。宇宙膨脹的速率恆定，即越遠的星系和恆星往遠處跑的速度越快。這就是宇宙學中的哈伯定律。最遙遠的那些星系和恆星往遠處跑的速度極快，它們發出的光永遠也不會來到我們面前。

換句話說，雖然夜空中面對著半邊宇宙的全部星辰，但大量星辰之光沒有機會傳到地球。我們有機會疊加起來的恆星並非無窮多顆。有限多的微光加在一起，構成了夜空的黯淡。

夜空依然保持黑暗，遠遠比不上白晝的陽光明媚，這並非全因為太陽離我們太近。黑夜本身就暗示了宇宙中時空的基本結構。

我們還可以把奧伯斯悖論做個升級，得到重力版本的奧伯斯悖論。為什麼我們被太陽的重力束縛，圍繞太陽轉？無限大的宇宙中有無限多的恆星和星系，它們提供的重力雖然隨著距離減少了，但無窮多的重力源全部加起來，還比不過一個太陽嗎？重力版本的奧伯斯悖論，本質上同樣是無限大的宇宙觀念和現實世界之間的矛盾。要解決這個矛盾，也需要前面說到的一系列現代天文學的新理論。在宇宙的有限年齡之內，來得及把光亮送達的宇宙範圍很有限。同樣的道理，來得及傳播重力的宇宙範圍也很有限。重力的傳播，即愛因斯坦提出的重力波，在宇宙中以光速傳播。

而故事還沒結束。

一九六九年，美國宇航員阿姆斯壯和艾德林站在月亮表面。當時是月亮上的白天，但他們看到的天空和夜晚一樣黑暗。明亮的太陽掛在黑暗的天空背景上，這樣的奇異場面可能才是宇宙中普遍的場景。地球上白天的天空為什麼不黑？

因為地球上有空氣，大氣層的密度和成分恰到好處。空氣把陽光散射開，讓波長相對更長的紅色光穿過得更多一些，讓波長相對更短的藍紫色光分散開。所以我們看到的太陽在視覺上偏紅，而天空背景湛藍。月亮上缺乏地球上這樣的大氣層，陽光只能直射月球表面，沒有任何介質幫助陽光四散，無法照亮天空背景。

地球的空氣中如果多一些沙塵，天空就會像在火星上那樣發黃；如果多一些水氣，天空的明亮程度就會大幅度降低；如果二氧化碳和硫化物的比例上升，天空就會像在金星上那樣密不透光；如果空氣的密度沒有現在這麼大，天空就會變得慘白或灰暗；如果電磁波散射的規律不像現在這樣分布，我們頭頂上的天空就會呈現特別怪異的顏色……白天的天空明亮、蔚藍、清澈，是因為可見光被空氣散射的時候，散射的程度與波長的四次方成反比——這一切的恰到好處，才促成了我們習以為常的藍天和黑夜。

要解釋奧伯斯悖論，需要原子物理學、量子力學、電磁波理論、廣義相對論、現代天文學觀測的證據、大霹靂宇宙論和連接所有這些學問的高等數學。這個看似孩子氣的問題其實不簡單吧？這些理論和實踐的工具，建立在幾個世紀以來的物理學家、化學家、數學家和天文學家的實驗與計算之上，奧伯斯所在的十八世紀無論如何都無法洞察這一切。理性的力量還來不及回答問題，感性的想像力就提供了答案。

奧伯斯發現兩顆小行星後，大洋彼岸的美國人愛倫・坡出生了。他在兩歲的時候成了孤兒，被煙草商愛倫夫婦收養。愛倫・坡三十歲的時候出版了短篇小說集《怪異故事集》。這部作品奠定了他在文學史上的地位，也讓他被譽為偵探小說之父。在奧伯斯提問二十五年之後，愛倫・坡出版了他晚年的散文集《我發現了》。他在散文集中討論藝術、美學和科學。世人都覺得這本書晦澀難懂，但它在字裡行間正確解釋了奧伯斯悖論。愛倫・坡說：「我們之所以在望遠鏡裡觀測到夜空黑暗，只有一種可能，那個背景太遠了，恆星上的光沒來得及到達地球。也就是說，宇宙起源的時間要大於恆星光線傳到地球的時間。」[4] 他第一個公開正確解答了奧伯斯悖論，用的不是科學的觀測和計算，而是像偵探小說中的主角那樣做出猜測和推理。

假如奧伯斯泉下有知，會對我們今天的世界說些什麼呢？

「試著問個問題，問一個自己沒有答案的問題，傻傻的、簡單的、充滿想像力的問題。」

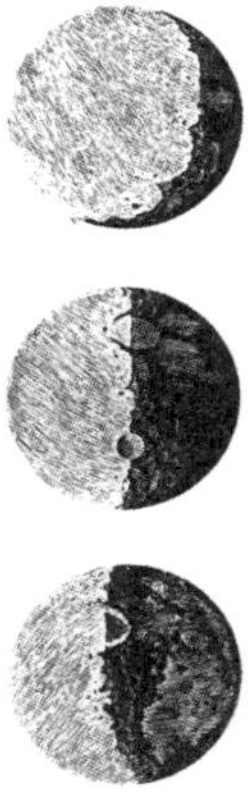

10

地球為何如此年輕？

威廉．湯姆森　William Thomson

英國物理學家、天文學家、第一代克耳文勳爵

1824——1907

地球幾歲了？

按照《聖經》中記載的歷代家譜的年代推算，可以得出上帝創造大地的起點。愛爾蘭大主教詹姆斯・厄謝爾在十七世紀算出了結果。他在著作《厄謝爾年表》中列出了地球歷史上重大事件的時間點，其中地球誕生於西元前四千〇四年十月。克卜勒和牛頓也認為地球誕生於西元前四千年左右。因為宗教信仰，以及當時的人類社會還不太容易理解極其漫長的時間演化概念，所以當時對地球年齡的大部分估算結果都非常短。[1]

這些當然是不可靠的結論。即便我們信仰的力量不容否認，恐怕也不能照搬全部的字面意思解決自然問題。在此之後，地球年齡的問題一直在科學界懸而未決。它不僅是一個關於地球身世的地質學問題，而且涉及太陽系誕生的天文學，還涉及生物進化的遺傳學。

達爾文考察過大洋彼岸的生物多樣性之後，寫出了《物種起源》。他明白，要讓動植物在物競天擇的法則下進化成今天的樣子，需要足夠長的時間。地球的年齡不可能只有幾千年。達爾文的進化論要求非常長久的地球演化歷史，但在科學上要如何回答這個問題呢？

威廉・湯姆森（即克耳文勳爵）的父親是皇家貝爾法斯特學院的數學和工程學老師。在威廉八歲的時候，父親受聘為格拉斯哥大學教授。老湯姆森對兒子的培養很用心，父子在歐洲各地輾轉，兒子跟著父親一起訪學多年，見識足夠豐富。[2] 威廉・湯姆森從九歲開始，先後入讀皇家貝爾法斯特學院和格拉斯哥大學。在那個年代，大學也為兒童提供基礎教育的課程，可以理解為我們今天所說的某某大學的附屬小學。受父親和學習環境的影響，威廉從小就表現出對科學的興趣。除了參加科學競賽，做科學實驗，寫作科學小論文，小威廉甚至用拉丁語寫出了讚美自然的科學詩歌。青年湯姆森進入劍橋大學，畢業時獲得了劍橋大學專門頒發給科學領域畢業生的最高榮譽——史密斯獎。畢業一年後，二十二歲的威廉・湯姆森受聘為格拉斯哥大學教授，他的學生比自己小不了幾歲，而他幾年前剛剛作為大學新生在這裡學習。[3]

湯姆森投身於當時最前端的熱力學研究，提出了熱力學上使用的絕對溫標。現在，絕對溫標的單位就是克耳文。他與擅長做實驗的焦耳合作，將熱力學的基本規律推動了一大步，直接奠定了熱力學第一定律和第二定律的基礎。他發表了六百五十多篇科學論文，申請了七十項專利。在基礎理論研究之外，湯姆森也探索了改善人類生活的應用科學，橫跨大西洋的海底電纜就是他的創舉。

一八五六年，湯姆斯入選大西洋電報公司董事會，成為團隊的科學顧問。團隊在一次鋪設海底電纜的工作中出現失誤，電纜斷裂，他當時正在電纜鋪設船上。隨後，他發表了海底電纜所涉及的力學知識的基礎理論。他還開發了一套完整的操作海底電報的信號系統，操作速度是每分鐘發送十七個字母。在大西洋電報公司鋪設海底電纜的工程中，經常發生海難。團隊領導層已經動搖了自己最初的信心，打算放棄，賣掉還沒有來得及鋪設的電纜，以求彌補一部分經濟損失。就在這個時候，湯姆森力排眾議，說服董事會堅持下去。他認為，技術問題一定可以有效解決，他們更需要的是信心。就在董事會同意繼續貫通電纜之後，又出現了更嚴重的技術問題。由於原來對電纜工藝的考慮不夠周全，電纜無法實現原計劃的信號傳輸效率。湯姆森臨危受命，重新制定電纜製作標準。科學家成了工程師，親自登船重新鋪設整套新的橫跨大西洋的海底電纜。

終於，大西洋海底電纜工程勝利完工。一八六六年，湯姆森因此被維多利亞女王封為勳爵。克耳文這個封號來自他工作的格拉斯哥大學附近的克耳文河。所以，在科學史上，威廉・湯姆森又被稱為克耳文勳爵。

克耳文勳爵漸漸成為英國科學界的領袖人物，研究工作涉及數學、力學、電磁學、熱力學、地質學、天文學和海洋科學等多個領域。

他設想，地球誕生的時候就像一個熾熱的火球，在太空裡逐漸冷卻到了今天的溫度，按照岩石傳導熱量和冷卻的規律就能計算出地球所經歷的時間。熱力學是他最擅長的領域，經過計算，他得到的結果是地球年齡在兩千萬到四億年。時間跨度之所以這麼大，是因為當時對岩石散熱的研究還不夠精確。多年之後，他根據更新的資料修訂自己的結果，即最終的地球年齡在兩千萬到四千萬年。他堅信自己的結果，因為這是根據物理學中最基礎的熱力學定律直接計算得來的，從方法到邏輯都不可能存在瑕疵。他自信地說：「除非地球內部還存在著不為人知的加熱方式。」[4]

兩千萬年這個時間已經比根據《聖經》字面意思推算的結果強了太多，但還是沒到達爾文要求的生命進化的時間。根據地球岩石同位素測定、月球岩石的參考、太陽系隕石的資訊輔助，地球年齡的現代最新結果是四十五點五億年左右，遠遠大於克耳文勳爵的兩千萬年。他錯得太離譜了。

兩千萬年這個結果，雖有不少反對者，但也有很多支持者。

達爾文的追隨者赫胥黎就公開攻擊了克耳文勳爵的計算。赫胥黎說，這些計算本身很精確，但它們的前提假設是錯誤的。赫胥黎沒有進一步指出錯誤到底在哪。當時德國最著名的物理學家亥姆霍茲獨立完成計算，得出了兩千兩百萬年左右的結論，支持了克耳文勳爵。美國天文學家、哈佛大學天文臺臺長和美國數學學會主席西蒙・紐科姆計算了太陽誕生時的氣體收縮到現在的大小所需要的時間，大約是一千八百萬年，作為地球年齡的限制，這與克耳文勳爵的結果非常接近。就連達爾文的兒子喬治・達爾文，也反對自己父親期待的更老的地球年齡，而是站在了克耳文勳爵一邊。小達爾文是地質學家，他在研究地球和月亮關係的時候提出，月亮可能來源於早期熔融狀態的地球，它們曾經是一個互相連接的整體。利用地球和月亮之間的潮汐作用和地球現在的自轉速度，小達爾文計算出的地球年齡是五千六百萬年左右。這似乎也意味著克耳文勳爵算出的幾千萬年的結果很有道理。[5]

克耳文勳爵不知道的是，他口中的「不為人知的加熱方式」真的存在。一八九六年，也就是他計算出地球年齡兩年之後，法國物理學家貝克勒耳發現磷光材料在太陽下吸收了陽光之後，會在黑暗中自然發光。貝克勒進一步研究發現，有些特定的物質不需要額外的陽光，自身也能發光。很快，居禮夫婦從瀝青中分離了微量的特殊物質，符合貝克勒所說的自然發光特徵。居禮夫人給這種特殊現象起名叫「放射性」。鈾、釙和鐳等一系列放射性元素先後被發現，它們在地球內部廣泛存在，驗證了貝克勒和居禮夫婦的放射性理論。放射性元素不需要外在額外的光，就可以自發地輻射，釋放出能量。貝克勒和居禮夫婦找到了「不為人知的加熱方式」，找到了克耳文勳爵不曾預見到的地球內部的加熱來源。因發現自發放射性現象，貝克勒和居禮夫婦共同獲得一九〇三年諾貝爾物理學獎。

由於放射性元素的存在，在沒有太陽的情況下，地球內部也有自動加熱的機制。這讓地球在茫茫太空中冷卻得更緩慢一些。考慮放射性元素加熱的效果後，按照熱力學的方法測算的地球年齡就會遠遠超過克耳文勳爵的結果。

一九〇四年，拉塞福在一場學術講座中點破了這個事實。當時，克耳文勳爵就在觀眾席上，但他不願意承認自己的錯誤。他堅信地球的年齡最多只有幾千萬年。[6]

克耳文之所以信誓旦旦，並不是因為他的驕傲，而是因為太陽。

當時發現的地球岩石層的沉積物化石證明，這些遠古時期就存在的植物也需要陽光的照耀。如果地球的年齡超過兩千萬年，那麼太陽的年齡也必定超過兩千萬年。但是，靠什麼樣的方式能讓太陽持續穩定發光兩千萬年以上呢？

如果靠化學燃燒的方式，就像石油和煤炭那樣，太陽這麼大一團物質充分燃燒，只能保持發光五千年左右，這個說法當然很不可靠。所以當時的天文學家普遍相信，太陽釋放能量的機制靠的是收縮。太陽始終在收縮，只不過人類在有生之年不容易察覺到它收縮的幅度。在收縮的過程中，能量被釋放出來。靠收縮釋放能量，這是典型的熱力學問題，是克耳文勳爵的老本行。按這樣的方式計算，太陽可以穩定發光幾千萬年左右。這是當時人們能理解的最高效率產生能量的方式，也就成為了太陽年齡的極限，當然也是地球年齡的極限。

克耳文勳爵不知道的是，讓太陽穩定發光的真正原因既不是化學燃燒，也不是收縮，而是像氫彈爆炸那樣的原子核反應。可是，直到二十世紀三〇年代，也就是克耳文勳爵去世二十多年之後，世界才認識到核反應的存在。直到五〇、六〇年代，少數幾個國家才陸續成功進行了核融合實驗，引爆了最早的氫彈。

一九〇〇年，在世紀之交的一次宴會上，克耳文勳爵以皇家學會主席的身分發表演講。他說：「今天物理學的基本問題都已經解決了，但我們的頭上還盤旋著兩朵烏雲。」對這兩朵烏雲的回應帶來了量子力學和相對論。

他沒有預言放射性元素的存在，但啟發了其他學者探索地球內部加熱來源的思路。他沒有預言太陽核心的核反應存在，但太陽在剛誕生的時候，在還沒有達到核反應條件之前的歲月裡，完全按照他計算的方式收縮和釋放能量。他的生命止步於二十世紀轟轟烈烈的科學歷程之初，但他的直覺啟示了二十世紀一系列最重要的科學發現。他大大低估了地球的年齡，但他第一次嘗試用科學的方法處理地球年齡的問題，給出了邏輯上自洽的結論。他雖然堅持錯誤的結果，但他的錯誤貫穿著十九世紀末、二十世紀初的科學探索歷程。他的錯誤就像科學時光中的一根金線，將無數個新發現、新概念和新方法一一串聯。珍珠固然寶貴，但將它們串聯在一起的金線必不可少。克耳文勳爵犯下的錯誤，只是因為人類當下的認知只能如此。

一八九六年，在克耳文勳爵受聘為教授五十周年的座談會上，面對前來祝賀的同輩與晚輩學者，他做了致辭：[7]

「我在過去幾十年裡所極力追求的科學進展，可以用失敗這個詞來概括……當我開始擔任教授的時候，知道更多關於電和磁的力量、乙太和重物之間的關係、化學親和性的知識。這些年來，在失敗中必然存在一些悲傷，但在對科學的追求中……相當快樂……」

也許，克耳文勳爵已經意識到自己關於地球年齡的錯誤，以及自己在其他諸多科學結果上的錯誤。當他站在二十世紀之初遙望未來的時候，看到的一定是後生晚輩的澎湃新知。

後人稱第一代克耳文勳爵威廉·湯姆森為熱力學之父，此言不虛。

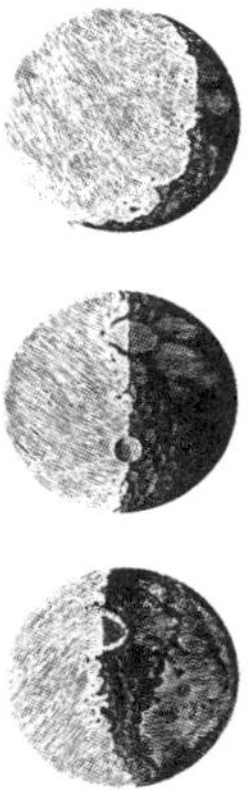

11 三體問題沒有解

亨利・龐加萊　Jules Henri Poincaré
法國數學家、天文學家
1854——1912

瑞典國王奧斯卡二世一八七二年繼承王位。在他統治的期間，瑞典取得了巨大的進步，特別是在軍事、外交和政治方面。他重新定義了軍隊的職能，使軍隊能夠真正應對當時的外部威脅，他還改革了外交部，使外交官能夠真正有效地處理國家之間的關係。他還重新定義了政府機構的職能，使官員能夠真正有效地執行法律。一八八九年，這位偉大的國王年滿六十歲。

國王曾經在烏普薩拉大學學習數學。他的學弟約斯塔・米塔爾—萊弗勒成為新成立的斯德哥爾摩大學的首位數學教授。米塔爾—萊弗勒建議國王用一種新奇的方式慶祝生日。最終，國王在自己六十大壽之際設立了一項科學競賽，向全世界徵集太陽系穩定性的數學證明。這是一個由來已久的科學難題，牛頓都曾經束手無策。

十八世紀，牛頓在克卜勒的基礎上建立了一整套關於太陽系裡行星圍繞太陽運動的體系。利用牛頓三大定律和萬有引力定律，今天的學生就能寫出地球圍繞太陽運動的軌道方程式。物理系的大學生可以輕鬆寫出方程的微分形式。在處理太陽和地球的運動關係上，牛頓力學登峰造極，取得了一系列成功。但是，和勒維耶面對的問題一樣，當需要考慮的天體數量不止兩個的時候，該如何確定精確的運動方程式呢？

牛頓面對這個問題的時候感歎，這已經超出了人類的才智。與勒維耶同時代的天文學家盡了最大的努力，也只能戰戰兢兢地猜測太陽系長久以來一直穩定存在，似乎更多天體的相互作用也可能得到研究。這就是著名的N體問題。當N等於二的時候，牛頓定律給出精確解，兩個天體在橢圓形軌道上相互繞轉。當N等於三的時候，N體問題就成為三體問題，尚未有答案。當時的明眼人都知道，奧斯卡二世懸賞的太陽系穩定性的數學證明，其實就是在懸賞三體問題的解答。[1]

三體問題為什麼這麼難呢？

讓我們假設宇宙裡只有三個天體，編號分別為一號、二號和三號。每個天體都受到另外兩個天體的重力作用。因此，一號天體的受力由二號和三號天體的位置與質量共同決定。同樣，二號天體的受力由一號和三號天體決定，三號天體的受力由一號和二號天體決定。

一號天體的受力會影響一號天體下一步的運動。運動之後的一號天體位置改變，反過來對二號和三號天體產生的重力發生變化。這個變化又決定了二號和三號天體下一步的運動，而二號和三號天體改變狀態之後又再次影響了一號天體……為了描述得更清楚，我們只能把天體運動拆分成這樣一步步的過程。但實際上，三個天體之間彼此的相互作用和相互改變都發生在連續的時空裡。

數學家歐拉和拉格朗日等人已經對這些問題做了比較深刻的研究。利用牛頓發明的微積分的數學方法，他們找到了一系列描述三體問題的方程式。

三個天體無論怎麼運動，三者的質量中心，也就是重心都保持不變，這樣我們就可以得到一個方程式。三個天體中重力的合力一定為零，這樣我們又得到一個方程式。三個天體的運動速度和質量密切相關，考慮速度的方向之後，它們的總和固定守恆，又可以得到一個方程式。所有天體的總能量守恆，這又是一個方程式。就這樣，幾代數學家和天文學家不懈努力，一個個方程式地探尋、挖掘、總結，最終找到了描述三體問題的十個方程式，用積分的形式把它們寫了出來。求解的目標是得出三個天體的位置和速度。每個天體都包含三個維度的位置速度資料，共計十八個未知數。接下來的任務就是用十個方程式找到十八個未知數的解，這是很艱難的任務，大部分這類的微積分方程式都無法找到。

瑞典國王的競賽懸賞受到了歐洲大部分學者的關注。比賽明確規定，為了評委能夠公平地審查徵集來的答案，所有答案都不能署名，只允許留下一句暗號，將來憑暗號領獎。獲獎作品將在米塔爾－萊弗勒創辦的《數學學報》（Acta Mathematica）上發表，作者將獲得兩千五百瑞典克朗獎金和一枚金質獎章。這筆獎金的數額相當於當時一位大學教授四個月的收入。競賽於一八八五年正式發布，徵集時間為三年。競賽的評委會由三位數學家組成，除了米塔爾－萊弗勒之外，還有德國數學家卡爾・魏爾施特拉斯和法國數學家夏爾・埃爾米特。

看到競賽消息的龐加萊當時正在巴黎大學任教。他出生在法國南錫，家庭在當地算得上顯赫。龐加萊的父親是南錫大學的醫學教授，他的堂兄雷蒙・龐加萊做過幾任法國總理和總統，帶領法國參加過第一次世界大戰，主持召開了巴黎和會，簽訂了《凡爾賽條約》。龐加萊五歲時患上了嚴重的白喉。他發病的時候影響了視力，完全看不見老師在黑板上寫的字。為了學習，龐加萊只能訓練自己盲聽的技巧，光靠聽講和心裡默想學會了大量基礎知識。這樣的訓練讓龐加萊特別善於在心裡默默推導數學公式。後來的學者曾經評價龐加萊不太看重數學邏輯，但直覺一流。龐加萊學習成績一流，幾乎每門課都得到老師的賞識，兩次獲得法國中學生數學競賽冠軍。數學老師形容他是「數學怪獸」。他在作文方面也表現突出，最差的科目是音樂和體育，學校給出的評語是「普普通通」。

十九歲的龐加萊以第一名的成績考入巴黎綜合理工學院，後來進入南錫礦業大學，同時研讀採礦工程學和數學兩科系。他獲得了採礦工程學學位。在準備申請博士學位期間，他加入了礦業公司，奉命調查一起礦難事故。一八七九年，二十五歲的龐加萊獲得巴黎大學博士學位。

龐加萊以學術精英的身分進入了科學研究的團體，正式披掛上陣，著手解決一系列數學難題。而前途蒸蒸日上的龐加萊見到了瑞典國王發布的數學題。他立即認識到，這個題目本質上就是長久以來的三體問題的變形，要徹底解決問題，就必須破解三體問題。他決定試一試。

龐加萊明白完整的三體問題過於複雜，自己還沒有驕傲到相信自己能破解它的程度。所以，他設定了一種特殊的條件。他假設，三個天體中的前兩個比較巨大，第三個相對渺小，而且三個天體的運動始終位於同一個平面上。因為第三個天體太小，所以它只會受到前兩個天體的重力作用而改變自身的運動狀態，但反過來，它不會對前兩個天體造成影響。這就是龐加萊提出的「限制性三體問題」。牛頓早就斷言，力的作用是相互的，你推我一下，我也給了你同樣的推力。龐加萊的特殊條件顯然不符合宇宙的真實規律。但是，不真實的假設卻特別有用。

比如說，我們從地球上發射一艘前往月亮的飛船。在這個過程中，地球、飛船和月亮構成三體問題，計算飛船的軌道就成為了不可能完成的任務。按照龐加萊的假設，飛船的尺度和質量遠遠小於地球和月亮，因此它對地球和月亮的影響可以忽略不計，我們只需要考慮地球和月亮對飛船的影響就足夠了。結果是，地球和月亮之間成為二體問題，所有二體問題得到的結果現在還能繼續用在地球和月亮上，地球和月亮的全部位置和速度資料都成為已知條件。錯綜複雜的三體問題，變成了二體問題基礎上增加第三個天體的分層問題，解決起來就簡單多了。

龐加萊在論文中認定，限制性三體問題的解一定是穩定的。穩定的意思是，如果一開始的初始條件有一點點偏差，那麼一段時間之後的運動結果也只會產生一點點偏差。龐加萊自信滿滿，在論文封面上留下的暗語是，「繁星永不越界」，暗示了限制性三體問題的穩定解。

作為評委之一的魏爾施特拉斯看到龐加萊的論文後，認為龐加萊沒有徹底解決三體問題，但是他在論文中採用的方法把三體問題大大向前推進了一步。更重要的是，為了推動三體問題，龐加萊在論文中實際上發明了一些新的數學理論，這讓魏爾施特拉斯大為讚賞。因此，魏爾施特拉斯寫信給米塔爾－萊弗勒說：「你可以告訴你的國王，龐加萊的這項工作確實不能被視為提供了問題的完整解答，但它仍然具有非常重要的意義，它的發表將開創天體力學史上的一個新時代。」

一八八七年是龐加萊夢幻的一年。他在這一年入選法國科學院，破解了瑞典國王的謎題，他妻子生下了他們的第一個孩子。一八八九年，瑞典國王六十大壽兩個月之後，龐加萊從瑞典駐法國大使手中接過了他的獎金和獎章。

但就在這一年年末，負責出版龐加萊論文的《數學學報》編輯弗拉格曼發現了一處讀不懂的地方，便寫信追問龐加萊，兩人通信溝通了一陣。經過一番討論，龐加萊意識到自己在論文中犯了一個錯誤。但論文已經印刷完畢，寄給了部分讀者。這樣的情況一旦被公開，就會成為一場學術醜聞。本來就有很多人對龐加萊獲獎感到不滿，甚至有人懷疑比賽結果被內定了，如果論文再曝出錯誤，那更是雪上加霜了。米塔爾—萊弗勒無奈之下也只有把這件事隱藏在心裡，找了個印刷錯誤的藉口悄悄收回了寄出去的論文，選擇信任龐加萊能儘快將錯誤修改好，再重新印刷。

龐加萊沒有讓米塔爾—萊弗勒失望。第二年的一月五日，龐加萊重新提交了修改好的論文，並順利發表。完整的論文長達兩百七十頁，在當年十一月印刷完畢，與歐洲的數學家見面。[2] 當然，龐加萊答應承擔重新印刷新版論文的全部費用，共計三千五百瑞典克朗。他交回了全部獎金，還要倒貼一千克朗。

弗拉格曼發現的那處錯誤一點也不簡單。龐加萊自己也意識到，即便把三體問題簡化成限制性三體問題，答案也不穩定。一旦初始條件有一點點偏離，長時間運動之後的結果就會產生巨大差異。也就是說，如果我們獲得的天體初始位置和速度的觀測資料存在一定程度的未知誤差，計算之後的運動軌跡就會完全偏離實際情況。發射到月球的飛船走著走著就丟了。

龐加萊修改後的論文保留了那句「繁星永不越界」的暗語，但在計算中給出了一個完全相反的結論，即三體問題的結果不穩定。拿了獎金，卻完全搞錯了方向，這算是徹徹底底的失敗了。但龐加萊沒有止步於此。他從不穩定的結果出發，繼續探索不穩定本身的科學意義，提出了一整套新的數學概念。這個概念被後來的學者解讀為混沌現象，又被稱為「蝴蝶效應」，即一隻蝴蝶在巴西輕拍翅膀，可以導致一個月後德克薩斯州的一場龍捲風。混沌現象的重要特徵之一就是對初始條件敏感。

龐加萊修改的論文承認了原始的錯誤，卻開創了一個全新的科學概念。氣象學家發現，無論多麼複雜的模型，都無法精確預測天氣，微小的觀測差別就會產生截然不同的預測結果。天文學家在木星的大紅斑、太陽表面的劇烈活動、小行星帶的空隙和更大尺度的星系分布中都發現了混沌的跡象。生態學家發現，種群數量的漲落總會超出人類的預期。隨著天氣預報、天文學、生態學和電腦科學等一系列新領域的應用，混沌理論慢慢發展為二十世紀最重要的科學理論之一，與相對論和量子力學並稱為二十世紀三大科學革命。不僅在科學領域，在日常的政治和經濟活動中，人們也開始意識到，簡單的線性系統可能並不可靠，大自然和人類社會可能帶有混沌的特質。

龐加萊的工作再次確認，三體問題以及更多天體的問題，無法找到精確的方程式解答。作家劉慈欣在科幻小說《三體》中想像了三體人窮盡自己所能，也無法準確預測自己的三個太陽的運行規律。三體人只能放棄故土，伺機殖民地球。現代科學家可以利用電腦的數值能力近似地求出三體問題的解，幫助飛船走上前往月球和火星的正確軌道。但我們深知，太空旅行中的每一步都戰戰兢兢、如履薄冰，影響飛船的天體實在太多了，下一秒鐘的軌道不確定性過於複雜。每一次向外探索時，我們都心懷對科學的感激，同時又抱有穩定倖存的感恩。

讓我們回到一開始的瑞典國王的難題上：太陽系到底是不是穩定存在的？根據龐加萊的證明，太陽系包含了太多天體，比三體問題更複雜，當然是混沌的，也就是不穩定的。但是，這種不穩定在短時間內不一定能被人類察覺，不穩定也不一定都體現為星球到處亂飛。太陽系混亂卻溫柔，在長期混沌與短期穩定之間尋求平衡。這就是宇宙的真相，也是科學失敗與成就的隱喻。

一九一二年，龐加萊因前列腺問題接受了手術，隨後因栓塞而去世，享年五十八歲。他被葬在巴黎蒙帕納斯公墓的龐加萊家族墓地。二〇〇四年，在法國國家教育部長的提議下，龐加萊被重新安葬在巴黎先賢祠，位列法國最高榮譽紀念堂。

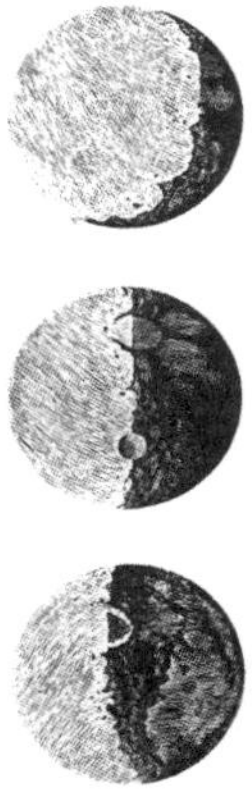

12
尋找火星人的富商

帕西瓦爾・羅威爾　Percival Lawrence Lowell
美國天文學家、商人、作家
1855——1916

在美國科羅拉多高原的南部邊緣，有一座亞利桑那州的小城旗杆市（弗拉格斯塔夫），它的海拔有兩千多公尺。傳說一群波士頓人來到這裡，為了慶祝美國獨立百年，用一根剝落的松樹做成旗杆，升起美國國旗，旗杆市因此得名。

十九世紀八〇年代，旗杆市迎來了大發展的機遇。因為橫貫美國東西部大陸鐵路線的開通，旗杆市成為這一地區最大的城市。也是在這一時期，這裡建立了一座天文臺。天文臺靠私人基金的運作，招攬傑出的天文學家，安裝最精良的望遠鏡。天文臺和望遠鏡直到今天還在使用。[1]

羅威爾建立的這座天文臺是美國最古老的天文臺之一。這座天文臺已經成為美國歷史地標，其中的旗艦望遠鏡是建造於二〇〇六年的「羅威爾發現」望遠鏡，口徑四點三公尺，是美國第五大望遠鏡。這裡的天文學家利用地面和太空中的望遠鏡開展了廣泛的天體物理學研究。尋找近地小行星，調查海王星以外的柯伊伯帶，尋找太陽系外行星，長期跟蹤研究太陽穩定性，以及探索遙遠星系的恆星形成過程，都是羅威爾天文臺的研究重點。

但是，羅威爾建立天文臺另有目的，他想找到火星人。

故事還要從十七世紀的伽利略用望遠鏡指向星空開始說起。隨著望遠鏡在天文學家之中逐漸普及，越來越大的望遠鏡被製造出來。火星在地球軌道之外圍繞太陽運動，每兩年多的時間，會有一次火星、地球和太陽排列成一條線的機會，這時地球和火星距離比較近。此刻觀測到的火星最明亮，看起來尺寸也最大。這就是觀測火星的最好機會，在天文學上叫「火星衝」。一六五一年、一六五三年和一六五五年，連續三次火星衝讓歐洲的天文學家有機會觀測到火星表面更清晰的細節。天文學家反覆用更好的望遠鏡觀測火星後興奮地發現，火星表面籠罩著濃厚的大氣，南北兩極覆蓋著若隱若現的白色冰蓋。他們跟蹤火星表面的某些特徵，知道了火星自轉的方向和週期。讓人類驚訝的是，火星的自轉週期和地球非常接近，大約是二十四點六小時自轉一圈，火星上的一天比地球長四十分鐘左右。而且，火星有著和地球差不多的自轉軸傾斜角度。

火星和地球這麼相似，會不會有像地球這樣的江河湖海、高山平原和豐富的自然氣候，甚至生命？這顆行星很快就成為天文學家熱衷於談論的話題，對它的探測也一直在推動著更大和更精良的望遠鏡技術的發展。比如，十八世紀初的天文學家發現，火星南極的冰蓋會隨著時間變化擴大和縮小，這是不是火星上的季節變化？十九世紀初的天文學家發現，火星有時候被赭黃色的面紗覆蓋，這是不是火星上正在掀起一場沙塵暴？這些事實讓天文學家腦洞大開。自轉週期決定的晝夜交替的節奏和地球差不多，自轉軸傾角決定的四季交替的程度也和地球差不多，有空氣、冰蓋和堅實的陸地——這豈不是另一個地球？

一八七七年又是一次火星衝。這一次火星衝恰逢火星位於距離太陽最近的位置上。這種火星衝日比較特殊，對火星的觀測更有利，十多年才有機會遇到一次，在天文學上被稱為「大衝」。義大利天文學家喬瓦尼・維爾吉尼奧・斯基亞帕雷利用二十二公分口徑望遠鏡觀測火星。他在望遠鏡裡觀測到，火星上遍布著縱橫交錯的細條紋。斯基亞帕雷利根據觀測到的景象畫出了火星表面地圖。在那個年代，天文照相技術還沒有被發明。天文學家只能憑眼睛觀察，再把觀察到的情況隨手繪製成素描。順便一提，隨著後來照相技術的普及，科學家更容易記錄自己的觀察狀況，也就漸漸喪失了素描的本領。

斯基亞帕雷利觀測到火星上的線條時，想起了前輩天文學家彼得羅・安傑洛・塞基設想的火星上的河道，於是稱這些線條為「Canale」。它在義大利文中是河道、溝渠或管道的意思，其複數形式寫作「Canali」。當時，美國的新聞業正在崛起。看到歐洲人的新發現，美國人急切地把關於火星的消息介紹到美國，目的就是獲取關注，從標題到內容，怎麼誇張怎麼寫。就在介紹這些科學發現的時候，義大利語的「Canali」被錯誤地翻譯成了英語的「Canals」。這個詞專門指人工開鑿的運河，而不是天然河道。恰逢其時，世界著名的巴拿馬運河和蘇伊士運河正在開鑿，備受世人矚目。媒體行業的推波助瀾，又助長了公眾對「火星運河」的誤解。天文學家也樂意讓自己的發現獲得聲勢浩大的傳播。斯基亞帕雷利在他的作品《火星上的生命》中說：「我們必須想像火星土壤中的這些凹陷不是我們所熟悉的形式，它們沿著直線方向延伸數千公里，寬度一百或兩百公里。這些通道可能是水以及生命能在火星乾燥的表面上傳播的主要機制。」法國天文學家弗拉馬里翁寫出著名的科普作品《火星和它的宜居條件》，更有作家在此基礎上推理出火星人的生活方式，出版了廣為流傳的《火星上的政治和生命》。[2]

這些觀測、解釋、想像和爭論極大地刺激了遠在美國的商人羅威爾。

羅威爾畢業於哈佛大學數學系，繼承了家族的財產，又對東亞的民族文化頗感興趣。他曾經擔任美國駐韓國外交祕書和顧問，在韓國和日本生活了好幾年，寫了一系列關於東亞歷史與風情的書，將亞洲文化介紹給他的美國同胞。因為文化事業上的這些成就，羅威爾於一八九二年當選美國藝術與科學院院士。第二年，羅威爾回到美國，讀到了弗拉馬里翁的作品，深受激勵，希望以自己的力量參與探索火星和火星人的事業。

羅威爾用個人資金，在旗杆市建立起一座天文臺。望遠鏡製造商克拉克家族專門為他定制了一臺六十一公分口徑的望遠鏡，造價兩萬美元。望遠鏡在波士頓完成組裝後，用火車運送到旗杆市，再安裝到市中心。之後，天文臺又在附近建造了另一臺三十三公分口徑的望遠鏡。選擇亞利桑那州旗杆市完全是出於有利於天文觀測的考慮。這裡海拔足夠高，遠離人口聚集的特大城市，但交通方便，易於運輸必要的物資。這裡地處乾燥的亞利桑那州荒原，空氣清澈透明。羅威爾親自設計天文臺的建築，包括書房和觀測樓，兩處相距不遠。根據哈佛大學天文臺皮克林教授的設計，羅威爾建造了觀測樓的穹頂，結構兼顧堅固與輕巧。

在望遠鏡和天文臺建造的同時，羅威爾一口氣寫下了《火星》、《火星及其運河》和《火星是生命的居所》三本書。透過這些作品，羅威爾成為最著名的普及火星生命存在的作家，比前輩天文學家想得更遠。根據已經確認發現的火星南北極冰蓋的季節性變化和赤道地區的沙塵天氣，羅威爾推測，火星上的運河把南北極的冰蓋和赤道地區的陸地連接起來。利用這些運河，南北極的水分可以被運送到乾旱的赤道地區。他相信，運河的存在是為了農業灌溉，遍布火星表面的運河就意味著火星上一定存在以農業種植為生的智慧生命，也就是火星人。如果農業種植成為火星人的生存必需，那麼只有強有力的統一政治體制可以實施大規模的農業灌溉工程。由此推論，火星上存在著類似地球上的文明古國那樣的政治文明。

一八九四年，又是一次火星大衝，羅威爾天文臺建成。幾乎在整個夏天的每個夜晚，羅威爾都在望遠鏡旁度過。他把自己觀察到的火星疊加上想像，繪製成圖畫。但是，他的助手安格魯・埃利科特・道格拉斯並不完全認同這些圖畫，他在望遠鏡裡根本沒有觀測到明顯的運河結構。本著科學的求真態度，道格拉斯堅持自己的觀點，反駁羅威爾。羅威爾堅持己見，道格拉斯最終離開天文臺，前往亞利桑那大學，後來成為亞利桑那大學天文系主任。

隨著越來越多的天文學家持續觀測火星「運河」，人們也越來越懷疑之前的結論走得太遠，並不完全可靠。芝加哥大學天文學教授愛德華・愛默生・巴納德沒能透過望遠鏡觀測到火星運河。英國的約瑟夫・愛德華・埃文斯和愛德華・沃爾特・蒙德反覆試驗後認為，之前羅威爾觀測到的大部分火星運河只是光學幻象。由於望遠鏡的品質不穩定，觀測到某些點狀特徵的時候，鏡片的誤差會把這些特徵拉伸成線條。再加上瘋狂期待火星人的心理作用，羅威爾大大高估了火星運河的真實性。更多的證據和分析也接踵而至。英國自然學家阿爾弗雷德・拉塞爾・華萊士出版了《火星適合居住嗎》一書，專門針對羅威爾的主張。華萊士分析，火星遠離太陽，大氣層也沒有顯得比地球更濃密，所以從邏輯上說，火星表面一定比地球冷得多。再加上大氣壓力太低，火星表面不可能存在液態水。當時，分析光譜的設備剛開始在望遠鏡上被使用，天文學家好幾次嘗試利用光譜設備在火星上尋找水分子的觀測都以失敗告終。華萊士的結論是，火星上根本不具備生命存在的基礎條件，更不可能存在高等複雜生命，所以羅威爾所說的灌溉系統只是想像。[3] 天文學家歐仁・蜜雪兒・安東尼亞迪用巴黎天文臺八十三公分口徑望遠鏡觀測火星，也沒有觀測到任何河道的線條。一九〇九年，庇里牛斯山南日比戈爾峰上新建的天文臺觀測了火星，並且拍攝了清晰的照片。這張照片讓火星運河理論完全失信。

羅威爾和他招募的天文學家都沒能進一步發現火星人的蛛絲馬跡。實際上，直到一百多年後的今天，利用大量火星探測器近距離勘探火星表面，依然沒有發現任何生命跡象。羅威爾信奉和追求的火星人計畫完全失敗。但今天，羅威爾天文臺所在的這座小小丘陵還是被當地人親切地稱為「火星山」。一九一六年，羅威爾在天文臺去世。他的遺骨就安葬在火星山六十一公分口徑望遠鏡附近。[4] 主流天文學界不再堅持火星上遍布著複雜的建造物這個觀點，但火星運河理論影響了科幻文學和電影行業。二十世紀初的美國人歡喜地迎來電影的發明，大批火星人攻占地球的科幻作品成了大螢幕上最早的畫面。斯基亞帕雷利誤解了觀測現象，媒體誤解了天文學家，羅威爾誤解了科學推論。但天文臺還在，在天文臺工作的學者還在，為了火星事業建造的大型望遠鏡也還在。

羅威爾終其一生都沒有放棄探索火星人。在他去世後，羅威爾天文臺在家族信託基金的支持下繼續運作。羅威爾去世十四年之後，天文臺的一位觀測助手克萊德・威廉・湯博利用三十三公分口徑望遠鏡發現了一顆新的大行星，後來被命名為「冥王星」，成為太陽系的第九大行星。除了發現冥王星，羅威爾留下的這座天文臺還觀測到星系遠離我們的速度，從而確認了宇宙正在膨脹，發現了天王星的光環、哈雷彗星的週期變化、迄今為止第三大的恆星、冥王星的大氣層，為冥王星的兩顆衛星精確確定軌道，發現天王星衛星上的乾冰成分和木衛三上的氧氣，發現受海王星重力影響的第一顆小行星，以及一顆太陽系外行星上包含水蒸氣。[5]

在羅威爾的晚年，火星運河與火星人專案已經被擱置。他傾盡家財建造天文臺追尋自己的火星夢，看起來可能過於執著，執著到了聽不進任何反對意見的程度。但探尋火星生命的工作充滿了科學價值，理由絕對正當。對科學的執著和對崇高的追求，並不一定換來科學的積極成果，人力、物力和足夠的時間與耐心，也不一定換來豐厚的科學發現。科學難以計畫，也並非依存於某個人的興致。這也許就是科學顯得冷冰冰的地方，是這個宇宙略微無情之處。但沒關係，科學的成果未能及時湧現，科學的遺產卻可以層層累積，在未來的歲月中覺醒，在宇宙的其他目標上發光。

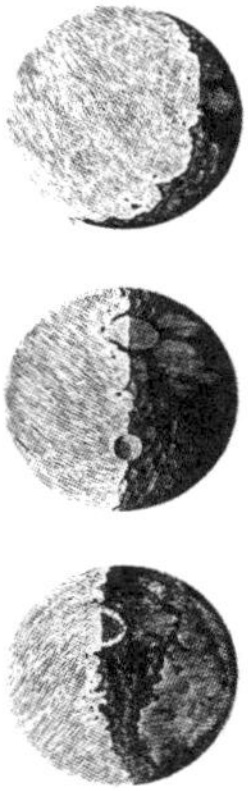

13
火山還是隕石坑？

格羅夫・卡爾・吉爾伯特　Grove Karl Gilbert
美國地質學家
1843——1918

丹尼爾・巴林傑　Daniel Moreau Barringer
美國地質學家、商人
1860——1929

111°01'20.62"E，35°01'37.17"N，這個座標位於美國亞利桑那州北部沙漠，海拔一千七百公尺，周圍人煙稀少，最近的城市在二十九公里外的溫斯洛，四十號州際公路從附近經過。這個位置是著名的巴林傑隕石坑，是地球上首個被確認的隕石坑，也是美國自然地標景觀。但是，首先對這裡展開科學調查的科學家格羅夫・卡爾・吉爾伯特沒有把這裡當作隕石坑。

吉爾伯特一八四三年生於美國紐約，從羅切斯特大學畢業，後經歷美國內戰。他二十八歲加入美國地理勘探團隊，成為美國最早的地質學家。三年後，他加入了洛磯山地區的地質勘探專案，在那裡工作了五年。在此期間，吉爾伯特出版了一本地質學著作《亨利山的地質學》（The Geology of the Henry Mountains）。一八七九年，美國地質調查局成立。吉爾伯特被任命為高級地質學家，他在這崗位上工作到去世。他先後研究了大鹽湖和邦納維爾湖的地質情況，發表了多項地質學報告。[1]

一八九一年，吉爾伯特首次注意到亞利桑那州的這座圓形山口。這裡位於旗杆市和溫斯洛之間，整個圓形山口的直徑大約一千兩百公尺，山口中心最低處有一百七十公尺深。吉爾伯特憑直覺認為，這座山口是一座火山，而不是隕石坑。他的理由是，隕石坑在被撞擊的時候迅速加熱，下方的鐵礦快速磁化，應該能觀察到磁性異常情況，但這裡完全正常。另一個理由是，他當時認定形成一千多公尺寬的隕石坑，隕石要達到幾百公尺直徑，應該能找到非常豐富的隕石殘留碎片，但現場卻沒有太多發現。更何況，在這裡西北方向六十多公里處就有很多死火山遺跡，整個亞利桑那州沙漠區可能遍布火山。

技術層面的證據當然有一定道理，但讓吉爾伯特堅定信念的是這些技術層面證據背後更深層次的理由。當時，人們普遍不願意接受天外流星對地球的地質能產生這麼劇烈的影響。天與地，太空與地球，宇宙與人間，從古希臘時代開始就被看成明確區分的兩個世界。經過中世紀、文藝復興、科學革命和近代工業化的幾千年歲月，人類對天與地的哲學思考依然沒有突破「兩個世界」的概念。宇宙規律和諧統一，空間浩瀚卻背景漆黑，星辰深遠；而人間旦夕禍福、生死無常，風霜雨雪難以精確預告，海嘯和地震更是無法精確預測。古希臘人在兩個世界之間放入一條界線，那就是月亮的軌道。月亮以下俯瞰人間，月亮之上仰望天界。雖然牛頓用萬有引力把蘋果、月亮和彗星統一到一種作用力當中，但科學概念的進步不一定帶來精神狀態的全面升級。或者說，精神狀態可能很難發生根本性變遷。今天的人工智慧和一千多年前織布機的技術含量相差巨大，但今天的人和一千多年前的人類情感完全相通。

地球相對獨立、自成一格的完善系統，完全有可能透過自身的地質活動製造出各種複雜的地理樣貌。峽谷、高山、盆地、褶皺……作為美國地質調查局的高級地質學家，什麼複雜的地形沒見過，火山爆發後徹底休眠，就可以形成亞利桑那州圓形山口。至於為什麼在山口外側會發現一些零星的隕石碎片，吉爾伯特解釋說這只是巧合，在這附近曾經有過別的隕石。

吉爾伯特不再專注於亞利桑那州圓形山口。第二年，他把目光投向了月亮。他即將卸任華盛頓哲學協會主席，做了主題演講，題目是《月球的面孔：其特徵的起源研究》（The Moon's Face: A Study of the Origin of Its Features）。吉爾伯特在演講中說，月亮上遍布著的環形山是隕石撞擊的結果。他的證據是，火山形成的圓形山口通常呈圓錐形，越到山頂越收窄。比如日本的富士山和非洲的吉力馬札羅山，都是著名的圓錐形火山。而月亮表面的環形山周圍的峭壁直上直下，沒有收窄的跡象，因此一定不是火山。再者，月亮上有幾座大型的環形山周圍有放射線，這就是隕石撞擊後向四周噴濺的證據。吉爾伯特進一步認為，月亮本身的形成過程一直伴隨著隕石的撞擊，月亮就是一座保存著歷史上猛烈撞擊遺跡的天然博物館。[2]

吉爾伯特把地球上的圓形山口看成火山，而認為月亮上的環形山口一定是隕石坑。這樣的分別對待，也反映了他對天地兩重世界的不同理解。月亮是遙遠的天體，浸泡在宇宙星際空間中，受到隕石的撞擊在所難免。月亮是人類的身外之物，它的地質面貌受到外力的影響也可以接受。

在此之後，吉爾伯特加入阿拉斯加的遠征隊，當選美國科學促進會主席。在此期間，他對美國的山川地勢進行深入研究，成為非常了不起的地質學先驅。幾年之後，亞利桑那州圓形山口被鋼鐵大亨盯上了。

巴林傑家族世代叱吒政商兩界。丹尼爾・巴林傑出生於一八六〇年，父親是國會議員，叔叔是美國內戰期間南方軍隊準將。巴林傑十九歲畢業於普林斯頓大學，二十二歲畢業於賓夕法尼亞大學法學院，之後在哈佛大學和維吉尼亞大學攻讀地質學系和礦物學系。離開大學後，巴林傑與朋友合夥購買了亞利桑那州科奇斯縣的礦山。因為科奇斯縣的金礦和銀礦產量豐富，再加上附近的皮爾斯又發現了新的銀礦，巴林傑很快因採礦而成為富豪。

巴林傑瞭解到他的礦山附近有一座吉爾伯特研究過的火山口，因此到火山口進行實地勘探。不同於吉爾伯特的是，他認為這是一座隕石坑。這麼大規模的隕石坑，下方可能埋藏著巨量鐵隕石，也就是豐富的鐵礦。當時美國鋼鐵價格是每噸一百二十五美元。按照巴林傑的設想，如果隕石坑是由一塊鐵隕石撞擊形成的，這塊隕石重達一億噸，就算其中只有三十萬噸的部分是鐵礦，他也可以因此獲利幾千萬美元。

巴林傑和朋友、物理學家班傑明・切爾・蒂爾曼發表論文論證這裡是隕石坑，這是人類首篇討論地球上現存的隕石坑遺跡的學術論文。[3] 巴林傑還成立了標準鋼鐵公司，向政府申請獲得了這座火山口的採礦權，在山口內外進行鑽探研究。很快，鋼鐵公司在隕石坑裡發現了一塊零點六噸重的鐵隕石。巴林傑受到鼓舞，投入更大的人力和物力，繼續勘探。

可惜，這次的投資沒有立即產生豐厚的金錢回報。但巴林傑沒有輕易放棄。進一步的勘探雖然讓巴林傑堅信這裡就是隕石坑，但沒能找到他所期盼的豐富鐵礦。對山口的開採一直持續進行，巴林傑已經為此投入了六十萬美元，卻沒有任何收穫，幾乎到了破產的邊緣。

這時，巴林傑的朋友、天文學家福里斯特・雷・莫爾頓計算了隕石撞擊時產生的熱量，並得出結論，隕石中的大部分物質在落到地面之前就已經在空氣中燃盡。一九二九年十一月三十日，巴林傑在讀完新一輪勘探報告，終於相信這裡真的沒有鐵礦後，因心臟病發作而去世。一九〇三到一九二九年，巴林傑的標準鋼鐵公司努力了二十六年，除了那塊零點六噸的鐵隕石之外，再無其他的發現，鋼鐵公司宣告倒閉。

此後三十年間，山口和礦區無人問津。直到一九六〇年，天文學家尤金・休梅克（Eugene Merle Shoemaker）在山口附近發現了極其珍貴的柯石英。這是兩種特殊結構的二氧化矽礦物質，其產生條件是瞬間的高溫和擠壓，在自然環境中只有兩種條件能形成，一種是隕石撞擊，另一種是核子試驗。休梅克發現這兩種物質，可以證明被吉爾伯特放棄和讓巴林傑破產的山口的確是隕石坑。雖然隕石坑的撞擊現場發生在遠古時代，但休梅克讓現代人目睹了一場天地撞擊的現場直播。一九九三年，休梅克和妻子卡洛琳・休梅克（Carolyn S. Shoemaker）以及朋友大衛・李維（David H. Levy）共同發現了一顆彗星。這是他們三人合作發現的第九顆彗星，所以被命名為休梅克—利維九號彗星。在三人發現彗星之前，這顆彗星就已經在木星重力的作用下碎裂成很多塊。計算顯示，這顆彗星將於一九九四年七月十六日撞擊木星。彗星分裂成的二十一個碎塊在世界標準時間當天晚上八點鐘以二十萬公里的時速衝撞木星。當時全世界的主要天文臺和大型望遠鏡都密切關注了這場罕見的「彗木相撞」盛況。遺憾的是，休梅克在幾年後因車禍去世。

吉爾伯特在巴林傑努力挖礦的年代去世，其後巴林傑也作古。二十世紀六〇年代之後，天文學界終於確認，亞利桑那州旗杆市附近約六十公里處的這座圓形山口就是隕石坑。為了紀念首次將這裡視作隕石坑的巴林傑，隕石坑被命名為巴林傑隕石坑。造成隕石坑的隕石直徑約五十公尺，富含鐵鎳合金。隕石一半的物質在撞擊前已經氣化，融入地球的空氣。其餘部分在撞擊的過程中氣化，只有少量碎片散落在隕石坑周圍。撞擊時的速度超過每秒十幾公里，比最快的戰鬥機還要快十倍，撞擊產生的能量相當於一千萬噸 TNT（三硝基甲苯）爆炸。撞擊發生於距今約五萬年前，當時人類已經進入舊石器時代晚期，學會了製作精細的石頭工具，喜歡在岩洞的崖壁上創作圖畫，遷徙到了亞洲，還沒有進入美洲這片土地。當時的氣候比現在濕潤和涼爽，有猛獁象和其他哺乳動物出沒。

巴林傑去世了，留下了妻子和八個孩子。他們以巴林傑家族的名義組建了巴林傑隕石坑公司，家族企業至今仍保留這座隕石坑的所有權。[4] 今天，隕石坑公司負責經營這裡的旅遊項目。巴林傑隕石坑每年吸引二十多萬名遊客，每名遊客的門票大約二十美元。再加上附屬設施的配套開發，隕石坑公司比當年的鋼鐵公司效益好多了。

吉爾伯特正確預言了月亮環形山產生的原因，奠定了月球隕石地質學的基礎，卻對自己腳下的隕石坑視而不見。巴林傑出於經濟目的，期盼腳下的隕石坑能挖出鐵礦，卻因無法理解隕石撞擊的能量過程含恨而終。兩位地質學家持有相反的論點，卻共同促進了科學對巴林傑隕石坑的深入探究。從吉爾伯特到巴林傑，從火山口到隕石坑，經過幾十年的追尋，人們逐漸認識到，天外來客真的會對地球表面景觀產生巨大的影響，甚至造成重大災難。兩位地質學先驅先後開創的隕石科學，也啟發了後來的學者真正認識到恐龍滅絕的原因可能是一次隕石撞擊事件。既然歷史上的撞擊能造成巨大災難，人類就必須關注未來可能發生的撞擊。世界各國在此之後開始部署對靠近地球的小行星和隕石的監測和預警系統，研究撞擊的可能性，以及未來具有潛在撞擊危險的目標。

在美國加利福尼亞州和阿拉斯加州，分別有一座以吉爾伯特的名字命名的山。以吉爾伯特的名字命名的獎項是美國行星科學領域的最高獎。由於巴林傑隕石坑與月球上的隕石坑非常相似，所以在二十世紀六〇、七〇年代，美國國家航空航天局利用這裡的地形，為阿波羅計畫訓練登月太空人。吉爾伯特一定不會想到，在他的目光從地面轉向月球幾十年後，年輕的太空人在這裡進行登月訓練。巴林傑也一定不會想到，為了鐵礦而投資的隕石坑，今天成為世界上最重要的科普教育基地之一。他挖到的那塊鐵隕石如今就展示在遊客通道的入口處，默默不語。

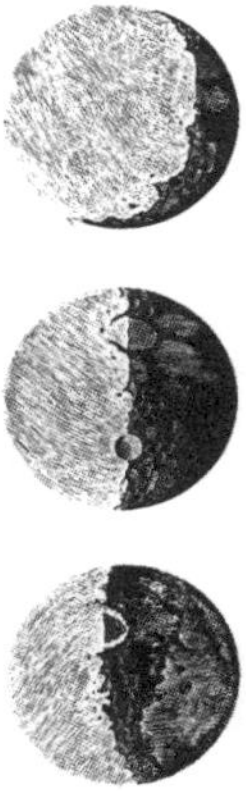

14

銀河系的尺度

希伯・柯蒂斯　Heber Curtis
美國天文學家、古典語言學家
1872——1942

哈羅・沙普利　Harlow Shapley
美國天文學家、記者、美國科學院院士
1885——1972

在十九世紀末的美國，大學裡的精英教育剛剛起步，天文學的專業化訓練還比不上幾百年傳統的歐洲大學。像羅威爾這樣的業餘天文愛好者投身天文學研究的例子不在少數。

柯蒂斯一八七二年出生，十七歲時在密西根大學修讀古典語言學系，從希臘語到拉丁語都是他的最愛，他甚至還學了兩年希伯來語。完成了本科和碩士階段的教育之後，柯蒂斯在底特律高中教授古典文學和拉丁語課程。半年之後，他受聘為加州一個小型教會學院的拉丁語和希臘語教授。柯蒂斯的命運在這裡開始發生轉折。他無意中發現學校裡有一臺克拉克家族製造的小型折射望遠鏡。看著這個無人問津的小東西，柯蒂斯眼睛發亮，心裡的某些火焰被點燃。在這個學院教授拉丁語和希臘語的三年期間，他花在天文學上的自學時間越來越多，利用一切自由時間擺弄望遠鏡。此時，該學院的天文學教席出現空缺，柯蒂斯申請了這一職位，結果成功受聘為天文學教授。他以完全自學的才能，徹底放棄了大學所學的專業技能，在一個毫不相干的新領域成為教授，甚至在未來取得了輝煌的科學成就，這實在是一個奇蹟。[1]

可能十九世紀末的美國就是一個奇蹟的時代。十三歲的柯蒂斯在密西根大學學習拉丁語的時候，沙普利在密蘇里州的一個農場裡出生了。他的天分不高，父母也不太重視孩子的教育。沙普利小學五年級輟學，靠打工謀生。柯蒂斯從拉丁語轉行到天文學的時候，沙普利正在為當地的《每日太陽報》做小記者，專門報導當地的犯罪案件，後來還斷斷續續給《密蘇里時報》做過新聞記者。十七歲的時候，沙普利在當地發現了卡內基圖書館，於是利用業餘時間在圖書館自學。他申請進入一所教會中學，用一年半的時間完成了六年的中學課程後，順利畢業，並作為學生代表在畢業典禮上演講。因為有過多年新聞工作的實際經驗，沙普利打算在新聞領域深造，於是考入了密蘇里大學。

新生報到的時候，沙普利發現密蘇里大學的新聞學系要推遲一年開學。無奈之下，他在學系目錄中選擇了其他學系。學校的學系目錄按照英語字母順序排列，排在第一位的是考古學（Archaeology）。沙普利看著這個單詞，發現自己不太確定它的讀音，想說也說不出來，只能戰戰兢兢地往後看。目錄上緊隨考古學之後的是天文學（Astronomy）。他選擇了天文學，並成功入學。[2]

與此同時，柯蒂斯完成了一篇關於彗星軌道的天文學論文。一八九六年，他成為天文學教授，於一八九八年進入利克天文臺工作，一九〇二年獲得維吉尼亞大學天文學博士學位。就在二十世紀最初的這幾年，素昧平生的兩個美國人，分別從自己鍾愛的古典語言和新聞業轉行進入天文學領域。他們兩個人的未來將緊密交織在一起。

柯蒂斯在利克天文臺工作期間，沙普利取得了密蘇里大學天文學學士和碩士學位，在導師的建議下申請了普林斯頓大學獎學金。柯蒂斯在利克天文臺沿用前任臺長詹姆斯・愛德華・基勒的計畫，對夜空中的星系進行廣泛的搜尋整理。為了觀測南半球夜空中的星系，他前往利克天文臺位於智利的南方觀測站工作了四年。另一邊，沙普利在普林斯頓師從著名的天文學家亨利・諾里斯・羅素，研究銀河系的球狀星團。這是銀河系內的一種恆星集團，目前已經發現一百多個，每個包含幾十萬至幾百萬顆恆星，外表呈圓球狀，在銀河系裡高速圍繞銀河系的中心運動，就像路燈周圍的小蟲圍繞路燈飛舞。兩個人看似研究著不相關的目標，結果卻慢慢走到一起。

柯蒂斯發現，他觀測到全天的星系大致可以分為兩類：一類是普通的星系，在夜空中彌漫成不規則的形態，有明顯的氣體和塵埃的樣貌特徵；而另一類帶有一些類似旋渦的結構，有時候還有一條黑暗的條紋橫亙其中，顯得特別不尋常。比如仙女座星系，在梅西耳星雲星團表中是M31。M31就是這種略帶旋渦結構而且有暗條的星系。這樣的例子不止M31一個。柯蒂斯開始懷疑，這種特殊的星系和普通星系不是同一種天體，旋渦狀帶暗條的星系可能根本就不是星系。銀河系自身也具有旋渦結構，當我們看夜空中的銀河時，也能看到中間橫亙著一段暗條。柯蒂斯展開聯想：有沒有可能這些特殊的星系本質上就是和銀河系一樣的東西，是獨立於銀河系的其他星系？也就是說，這些特殊的星系根本不屬於銀河系，而是位於更遠的銀河系之外的宇宙空間中。如果自己推測的方向可靠，就意味著銀河系本身的尺度不算很大，僅僅是宇宙中的大量星系之一。這讓柯蒂斯想起了十八世紀中葉德國哲學家康德提出的「島宇宙」概念，即整個宇宙就像漫無邊際的汪洋大海，銀河系只是大海上的一座小島，海上還有很多其他島嶼，也就是其他星系，M31就是另一座島。

博士畢業後，沙普利來到威爾遜山天文臺工作，在這裡繼續研究他的球狀星團。一九一八年，沙普利發現，已知的這一百多個球狀星團似乎在天空中隨機分布，但某一個方向上的球狀星團看起來數量更多，在相反的方向上卻很少。他猜測球狀星團圍繞銀河系中心運動，所以它的分布應該以銀河系中心為中心。如果從地球上看，球狀星團偏到一側，就暗示地球和太陽遠離了銀河系中心。沙普利認為，銀河系一定非常龐大，要容納這麼多球狀星團在空間上的分布，還要容納像 M31 這樣的星系。換句話說，銀河系就是宇宙本身。[3]

到此為止，柯蒂斯和沙普利不約而同地提出了關於銀河系大小尺寸的理論。柯蒂斯認為，銀河系比較小，我們就在它的中心附近，其他螺旋星雲都是獨立的星系。沙普利認為，銀河系非常大，螺旋星雲也是銀河系的一部分，我們偏離銀河系的中心。教拉丁語的柯蒂斯和報導犯罪案件的記者沙普利本來沒有任何交集，現在終於走到一起，提出了一大一小兩個相互矛盾的銀河系理論。

二十世紀的最初二十年，天文學家為銀河系的尺寸問題爭論不休，柯蒂斯獲得了大量支持，沙普利也找到了自己的擁護者。為了徹底解決銀河系尺度問題，威爾遜山天文臺臺長喬治・埃勒里・海耳（George Ellery Hale）向美國國家科學院建議，舉辦一次學術活動，專門討論銀河系的問題。

海耳和科學院行政負責人透過郵件往來，商議在一九二〇年四月以科學院的名義在華盛頓國家自然歷史博物館舉辦學術會議。海耳希望邀請柯蒂斯和沙普利分別以「宇宙的尺度」為主題發表公開演講，每人四十五分鐘，之後再綜合討論。這場學術討論活動史稱「世紀天文大辯論」。起初，柯蒂斯和沙普利都不太情願參與這樣的公開對抗活動。但是面對同行和眾人針尖對麥芒，總會讓人覺得不舒服。最終，海耳分別說服了雙方參加辯論。在通信中，雙方當事人反覆溝通辯論活動的細節，比如把單獨發言時間改為四十分鐘，在公開場合不要把該活動稱為「辯論」等等。

一九二〇年四月二十六日晚上八點十五分，四十八歲的柯蒂斯和三十五歲的沙普利分別站上自己的講臺，在博物館報告廳向天文學界同行陳述自己的思想。晚上九點三十分，雙方和各自的支持者開始辯論。[4][5]

沙普利找到了強有力的支持者、威爾遜山天文臺的天文學家阿德里安・

范・馬南，他是研究螺旋星雲的專家。范・馬南專門針對柯蒂斯關心的螺旋星雲提出了疑問。風車星雲 M101 是柯蒂斯所說的典型的螺旋狀帶有暗條的星雲，范・馬南在觀測風車星雲的時候，觀測到了星雲的轉動。如果在很有限的時間內，星雲的轉動就能引起注意，就證明風車星雲轉動的角度足夠大。如果風車星雲像柯蒂斯所說的遠在銀河系之外，它的轉動速度就必須足夠大，大到超過光速，這是不可能發生的事。由此證明，風車星雲位於銀河系內部很近的地方。沙普利乘勝追擊，說自己曾經觀測到仙女座星系中的一顆新星，這顆新星的亮度曾經在短時間內超過了整個仙女座星系的亮度。如果按照柯蒂斯的觀點，即仙女座星系是獨立於銀河系的星系，那麼將無法解釋其中一顆恆星的巨大能量來源。

柯蒂斯承認，如果范・馬南的觀測結果正確，就可以證明沙普利的大銀河系理論正確，但他非常懷疑范・馬南是不是在觀測中出了錯。柯蒂斯也對沙普利一派進行了反擊。仙女座星系是柯蒂斯關注的物件。他提出，在仙女座星系中能發現大量新星和超新星等特殊恆星，其數量已經超過銀河系內其他方向的新星數量總和。如果沙普利所言不虛，即仙女座星系只是銀河系的一部分，那為什麼它所包含的新星數量會超過銀河系其他的全部區域？唯一合理的解釋就是，仙女座星系根本不屬於銀河系，它甚至有可能是比銀河系規模更大的星系。

就像世界上任何一場公開的學術辯論活動一樣，國家自然歷史博物館裡的這場辯論也不會有人當場認輸。但是，觀眾已經理解了雙方的證據、邏輯思維過程和存在的問題，這就足夠了。

柯蒂斯從現象入手，發現仙女座星系是銀河系之外的獨立系統，這是正確的。但柯蒂斯和赫歇耳一樣，沒有考慮到星際氣體和塵埃減弱了星光，所以他心目中的銀河系範圍僅僅是太陽附近的小區域。整個銀河系比柯蒂斯想像的要大很多，太陽也不是銀河系的中心。柯蒂斯嚴重低估了銀河系的尺度。

反觀沙普利，他從球狀星團入手，發現太陽偏離銀河系中心，這也是對的。但他和范・馬南觀測風車星雲時犯了錯誤，沒有正確意識到測量的誤差。風車星雲確實會旋轉，但在有生之年裡，人們不可能注意到它的轉動。

柯蒂斯和沙普利互不相讓，直到幾年之後，天文學家哈伯才將這場辯論徹底終結。哈伯利用威爾遜山天文臺的望遠鏡，在仙女座星系中找到了一顆特殊的恆星，根據這顆恆星的亮度變化規律，計算出了精確的距離。這個距離遠遠超過了柯蒂斯提出的銀河系直徑，也遠遠超過了沙普利提出的銀河系直徑。也就是說，無論是相信柯蒂斯還是沙普利的銀河系尺寸，仙女座星系都必須位於銀河系之外。從這個角度來說，柯蒂斯的宇宙島理論取得了勝利，但真實的銀河系比他理解的還要大得多。

大辯論之後，柯蒂斯成為密西根大學天文臺臺長，沙普利成為哈佛大學天文臺臺長。一九四二年，柯蒂斯因病去世，享年七十歲。在柯蒂斯去世後第二年，沙普利當選美國天文學會會長。一九七二年，沙普利去世，享年八十七歲。

歷史就是這麼有意思。兩位文科生都陰差陽錯地轉入了科學領域，得出了完全相反的科學結論，分別利用自己的文學才能展開辯論，唇槍舌戰。兩人掀起的現代天文史上最重要的世紀大辯論，將現代天文學對星系、宇宙、距離等基礎概念的認識推進了一大步。柯蒂斯和沙普利各自發現了真相的一部分，忽視了另一部分。他們之間的辯論成為一個整體，完整地呈現了二十世紀初的天文學對宇宙的基本認知。辯論雙方的論點的一部分精華相互融合，就可以得到更深刻的答案。而雙方辯論的過程，充滿了數學邏輯、物理推導過程和天文觀測資料的支撐。二人都在理性的思維框架內堅持理想。與其說這是一場辯論，不如說是給後生晚輩的一堂公開課。辯論不是內鬥，而是有限的時代產生的偉大理性的頂峰。柯蒂斯和沙普利不是敵手，他們是共同面對宇宙疑難的隊友。他們各自對銀河系尺寸和結構的錯誤觀點，也僅僅是偉大拼圖中稀缺的那幾塊。

15
拒絕承認恆星的宿命

亞瑟・斯坦利・愛丁頓　Arthur Stanley Eddington

英國天文學家

1882——1944

亞瑟・斯坦利・愛丁頓出生於一八八二年，家境還算殷實。父親是當地一所中學的校長，在愛丁頓兩歲的時候死於流行疾病傷寒，留下母親獨自照顧愛丁頓和姐姐。愛丁頓幼年時期在家跟著母親和姐姐學習，十一歲時就讀當地的學校，成績優異，尤其展現出在數學和文學方面的天賦。十六歲的時候，愛丁頓獲得了六十英鎊的獎學金，有資格進入歐文斯學院（後改組成如今的曼徹斯特大學）。他修讀了一年通識課程後選擇了物理學系。愛丁頓在大學期間受到好幾位優秀師長的影響，進步神速。四年之後，二十歲的愛丁頓獲得科學學士學位，以一級榮譽級別畢業。同時，他獲得了來自劍橋大學七十五英鎊的獎學金，進入劍橋大學三一學院，這裡是牛頓和馬克士威學習和工作過的地方。三年之後，愛丁頓獲得碩士學位，進入卡文迪什實驗室，後來又到格林威治天文臺工作。

愛丁頓到格林威治天文臺後接手的第一項工作是觀測四三三號小行星愛神星。當時，天文學家已經可以使用照相技術把觀測影像記錄到照相底片上。在不同的時間觀測到的愛神星底片上，可以看到愛神星背後的背景恆星出現了位移。如果我們認為背景恆星距離特別遙遠，那麼這個位移其實就是地球處在兩個不同位置時看到的近處愛神星的方向偏差。愛丁頓基於這些原理，發展了一套精確的統計方法，精確測定了愛神星的距離。愛丁頓剛畢業就做出了原創性貢獻，改善了天文學家的工作方法，一舉震驚了天文圈。因為這項工作，劍橋大學授予他畢業生的最高榮譽——史密斯獎。有了這一獎項的加持，愛丁頓受聘為劍橋大學研究員。這一年，他只有二十五歲。[1]

在劍橋大學和格林威治天文臺的崗位上，愛丁頓繼續探索恆星的世界。一九一二年，劍橋大學教授職位出現空缺，他被選為天文學終身教授。一年之後，劍橋大學天文臺臺長職位也出現空缺，他又兼任臺長，同年入選英國皇家學會。

愛丁頓試圖理解恆星的內部世界。他從一種類型的變星入手，試圖理解這類恆星的亮度為什麼會發生有規律的變化。他用自己豐富的物理學知識推敲觀測資料，提出了一套模型，以解釋恆星亮度的變化。他認為，恆星本身的質量巨大，所以有向內收縮的巨大重力。恆星之所以沒有向內塌陷，一定是因為向外的能量輻射起了作用。向外的輻射形成了壓力，對抗著向內的重力。當兩種力量保持一樣的時候，恆星就處於穩定的平衡狀態。而兩種力量缺乏平衡的時候，恆星就有可能處於收縮、擴張的不穩定之中。更精確的模型需要研究恆星內部各個部位的溫度、密度和壓力。愛丁頓在前人的基礎上，正在嘗試建立整顆恆星完整的三維模型。這當然是開天闢地的工作，愛丁頓時年只有三十二歲。

開天闢地的理論，就需要更加堅實的證據。愛丁頓還真的找到了這樣的證據。如果恆星的內部情況真的如愛丁頓所說，那就意味著恆星的重力與輻射必須滿足一定的平衡關係。重力由恆星自身的質量決定，而輻射產生的結果就是恆星的亮度。因此，恆星的質量一定與它的亮度之間存在著某種確定的關係。愛丁頓提出了天文學中的重要概念，即質量——光度關係。[2] 有了這樣一條規律，宇宙中的所有恆星，無論什麼顏色，什麼亮度，或遠或近，或大或小，都被囊括在一個統一的規則之下。

如此重要的成果沒有終結愛丁頓繼續探索的腳步。他深入思考恆星的輻射，思考恆星產生能量的來源。當時，這是一個完全空白的領域。恆星的能量到底從什麼機制中獲得，還完全沒有頭緒。愛丁頓在質量——光度關係的基礎上思考，恆星如果要穩定持續地發光，比如太陽要長達幾十億年保持這樣的亮度，就需要恆星的質量也長期保持不變。質量不變，或者只有極其微小的變化，就能產生巨大的能量，地球上任何常見的燃燒方式中都無法實現這樣的發光。燃燒產生能量必然導致燃料的減少。

正在此時，海峽對岸的德國人愛因斯坦發表了質能方程式——$E=mc^2$。愛因斯坦提出相對論，證明物質中蘊含著巨大的能量，微小的質量 m 的損失乘以光速的平方，就可以換來巨大的能量。愛丁頓迅速成了愛因斯坦的支持者。相對論剛提出沒多久的時候，大部分主流科學家都不支持這麼離經叛道的學說，唯獨愛丁頓給予愛因斯坦巨大的鼓勵。

愛丁頓不僅在精神上支持愛因斯坦，還親自幫助愛因斯坦做實驗。一九一九年，他率隊遠赴非洲海岸觀測日全食。他希望在月亮擋住太陽的時候拍攝太陽周圍恆星的照片，計算出太陽附近恆星的星光在經過太陽的時候，受到太陽重力的影響而改變了方向。愛丁頓的觀測非常順利，成功驗證了相對論。在這樣的理論基礎上，愛丁頓提出，恆星內部的能量來源於原子核之間的反應。四個氫原子核結合為一個氦原子核，結合後質量損失很小。微小的質量 m 的損失代入 $E=mc^2$

的公式，可以釋放巨大的能量。愛丁頓進一步推斷，要實現原子核之間的結合，必須滿足高溫、高壓和高密度的環境條件。因此，太陽這樣的恆星的核心溫度必然高達上百萬攝氏度。[3]

愛丁頓的模型將天文觀測、廣義相對論、流體靜力學平衡結合起來，第一次正確提出了最高效率的恆星能量產生辦法，正確解釋了恆星內部發生的真實狀況，開闢了恆星物理學這一全新的領域。[4]

但是，就在這個時候，愛丁頓的輝煌與偉大，差不多走到了盡頭。

一九三〇年，他受封為騎士，獲得勳爵頭銜。從此之後，愛丁頓的名字之前必須加上「Sir」，以示尊重。同一年，年輕的印度學生蘇布拉馬尼安・錢德拉塞卡（Subrahmanyan Chandrasekhar）遠渡重洋，前往英國求學。他一上船就開始思考恆星的最終宿命。他在劍橋結識了導師愛丁頓，三年後獲得了博士學位。就在這幾年間，錢德拉塞卡逐步完善當年在船上的設想，提出了一個驚世駭俗的新理論：恆星死亡後的宿命可能是變成由全新物質組成的緻密的特殊天體。

恆星燃燒自身的核原料，燒盡之後，無法再進行核反應，停止向外釋放能量。

向外的輻射和向內的重力本來是一對相互平衡的作用力，現在輻射消失，平衡被打破，恆星必然在自身的重力作用下向內塌陷。這個理論是愛丁頓的偉大成果。

當時的天文學家已經發現了好幾顆白矮星，它們的尺度很小，卻異常緻密，與恆星死亡後收縮的理論預言正好一致。愛丁頓認為，恆星向內收縮不會永無止境，而是會遇到另一個強大力量的阻止，使收縮停下來。所以，愛丁頓不相信恆星最終會變成白矮星。

當恆星失去了外殼大部分物質，剩餘的核心向內收縮的時候，物質相互之間變得越來越密集，就連原子和原子都擠壓到了一起。每個原子都是電子圍繞著原子核的結構。當原子擠到一起的時候，大量電子相互靠近，會產生巨大的排斥力，阻止這些物質彼此進一步靠近。這個力量叫「電子簡併壓力」。

錢德拉塞卡仔細計算，發現當恆星的質量小於某個質量極限時，電子簡併壓力就會阻止恆星繼續收縮。當恆星的質量超過這個極限時，電子簡併壓力也不足以對抗收縮的力量。這個時候，恆星就只能繼續收縮下去，不會停留在白矮星狀態。也就是說，白矮星的質量存在某個最大值。更大的恆星會收縮成比白矮星更小的天體。

錢德拉塞卡找愛丁頓討論自己的結果，愛丁頓鼓勵他到學術會議上公開做報告。錢德拉塞卡興致勃勃地宣讀了自己的論文，但沒想到的是，愛丁頓接過話來表示反對，在與會者面前拿過他的論文，當場將其撕成兩半。[5]

愛丁頓說：「難道恆星可以一直收縮、收縮、收縮嗎？收縮成只有幾公里？應該存在一條自然定律，阻止恆星以這種荒謬的方式演化。」在公開的學術會議上，有人直接指責一位研究員的工作荒謬，這可是一件嚴重的事情。愛丁頓的這番話讓錢德拉塞卡感到極其窘迫。英國人通常不會這麼直接地表態，如此嚴重的評價讓在場的所有人都吃了一驚。更何況，這樣的評價是來自英國天文學界的權威人物愛丁頓。更讓錢德拉塞卡崩潰的是，早在會議之前很長的一段時間，他就和愛丁頓深入討論過自己的想法，愛丁頓沒有提出過明確的反對，還鼓勵他在會議上發言，現在卻公開羞辱自己。他自然地想到，這都是愛丁頓故意為之，導師就是要讓自己難堪。會後，沒有人敢支持錢德拉塞卡，即便有人覺得他的理論有道理，也根本不敢公開發言。同行和朋友只能在私下裡安慰錢德拉塞卡，不願意公開與愛丁頓為敵。

半年之後，國際天文學聯合會在巴黎召開大會。愛丁頓做了長達一個小時的主題報告，用大量篇幅批評錢德拉塞卡，把關於白矮星的理論斥為異端邪說和荒謬的結果。錢德拉塞卡沒有機會在會議上回應這些批評。愛丁頓是學界泰斗，而錢德拉塞卡是博士畢業生。愛丁頓是皇家學會榮譽勳章獲得者、皇家天文臺臺長、英國天文界的頭號人物，而錢德拉塞卡來自遙遠的印度⋯⋯。

四十年後，愛丁頓早已作古。錢德拉塞卡回憶說：「我感覺到天文學家都反對我，他們把我看成是一心想殺害愛丁頓的唐吉訶德，不自量力地同巨人爭論。而我的工作完全不被天文學界相信。這對我來說是一段沮喪的經歷。我應該繼續奮鬥下去嗎？當時我才二十四歲，我想自己還可以工作三十到四十年，我沒想過重複別人做過的事。對我來說，更好的方法是改變興趣，進入別的領域。」

這場爭論以錢德拉塞卡的放棄而告終。他離開英國，到了美國，在哈佛大學做訪問學者，又輾轉到了耶基斯天文臺，最終成為芝加哥大學的教授。從此之後，他養成了一個習慣，在天文學的某個領域內鑽研，取得突破性的成果，寫出一本教科書級別的著作，且不出十年，一定會轉行到另一個領域。他說，這樣可以避免自己深陷某個特定的領域，成為學閥。他要讓自己在任何領域研究的時間都不長，這有助於自己謙卑地面對年輕人。四〇年代，他研究恆星的內在結構；五〇年代，他開始解決輻射轉移的問題；六〇年代，他投身電漿和流體力學的課題；七〇年代，他專注於熱力學平衡；到了八〇年代，他的興趣又轉向了黑洞和重力波的探索。在美國期間，他深受學生的喜愛，大家親切地稱他為「錢德拉」。錢德拉塞卡後半生一直努力避免打壓任何青年學生。做《天體物理學期刊》主編的期間，他經常提攜和鼓勵學生發表自己的觀點。他曾經往返三百多公里，在暴風雪的天氣中專程去給學生上課。那堂課上只有兩名學生，他們是獲得諾貝爾物理學獎的物理學家楊振寧和李政道。

經過幾十年的沉澱，當年被愛丁頓反駁的白矮星理論早已被天文學界普遍接受。一九八三年，遲來的諾貝爾物理學獎終於授予了錢德拉塞卡。但他本人卻說：「我早已原諒了愛丁頓，如果他當年支持了我的想法，也許對天文學早一天重視白矮星和黑洞大有好處，但對我個人不一定是好事。我太年輕，面對天文學最輝煌的成就，我不能肯定自己會變成什麼樣子。」[6]

功成名就的愛丁頓晚年打壓了錢德拉塞卡，讓探索白矮星的腳步停滯了幾十年，卻打壓出了一個淡泊名利、善待學生和在多個領域都有所建樹的錢德拉塞卡教授。直到今天，我們也很難說得清愛丁頓打壓錢德拉塞卡的真正原因，是驕傲自大、種族歧視，還是另有隱情？我們可能永遠沒有答案。但這件事讓我們透過兩位天文學家的矛盾，看到了知識精英的成長與成就，也學到了珍貴如鑽石般的謙卑美德；我們看到了個人才智的有限，也學到了輾轉騰挪的奮起；我們看到了人際關係對科學的影響，也學到了艱難跋涉的閃耀之路。

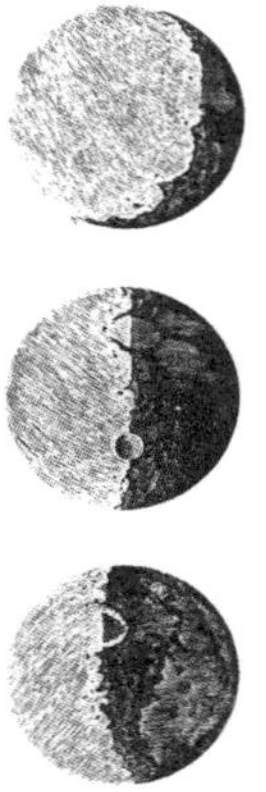

16

LOMO 工廠的光學失敗

蘇聯大望遠鏡

БольшойТелескопАльт-азимутальный

地平式六公尺口徑大望遠鏡，曾經的世界第一大望遠鏡

1977——

十九世紀中後期，工業時代走向成熟，各國都開始以巨額資本或國家力量主導大型望遠鏡的建造。天文學家明白，望遠鏡的口徑越大，就能集中越多的星光，探索更深遠的宇宙，發現更深刻的真相。所以，在天文學的發展歷程上，有一場關於望遠鏡尺寸的競賽。

在關於宇宙尺度的大辯論之後，美國天文學家海耳說服了洛克菲勒基金會，獲得六百萬美元的資助，建立更大規模的望遠鏡。一九四九年一月二十六日，美國帕洛馬山天文臺五公尺口徑望遠鏡終於落成。這臺望遠鏡一舉成為世界上口徑最大的望遠鏡。

在二十世紀四、五〇年代的特定歷史環境中，美國的勝利就意味著蘇聯的失敗。海耳望遠鏡落成的時候，蘇聯最大的望遠鏡是建於一八八五年的老古董普爾科沃天文臺望遠鏡，它的口徑只有七十六公分。二戰後，在良好的經濟環境助力下，美國吸引了天文學領域的人才和新技術，大量歐洲天文學家前往美國。蘇聯看到這些，不甘心就此落後，開展了新的超越計畫。

一九六〇年，蘇聯國家光學和機械廠建成克里米亞天文臺二點六公尺口徑望遠鏡，這臺望遠鏡是當時蘇聯和歐洲最大的望遠鏡。奪回歐洲第一還不夠，蘇聯卯足了勁，打算挑戰世界第一的地位。

約安尼西阿尼（Bagrat Konstantinovich Ioannisiani）早年在列寧格勒機器製造廠當工人，後來成了繪圖員。他在青年時代參與過一些培訓課程，在工廠的實踐中鍛煉了自己的技術能力。二十五歲時，約安尼西阿尼進入列寧格勒光學儀器廠工作。這座工廠的名字在俄語中的字母縮寫為「LOMO」，它生產過的一種使用三十五公釐膠片的小型照相機，光學成像品質不佳，成像的四角暗淡，顏色對比過於強烈，在二十世紀八〇年代停產。很多年後，兩名奧地利學生偶然發現幾臺老古董的 LOMO 相機。他們發現這些相機的確有瑕疵，但可以拍攝出顏色豔麗且富有藝術感的照片。兩位學生勸說當時的 LOMO 工廠恢復相機的生產，工廠採納了學生的意見。一九九六年，新一代 LOMO 相機開始生產，很快成為時尚界和藝術界的寵兒。[1]

當時的約安尼西阿尼被任命為新一代大望遠鏡的主設計師。他任用 LOMO 工廠的班底，招攬天文學家、工程師和技術骨幹，組建了大望遠鏡設計團隊。團隊最終確定了要建設六公尺口徑望遠鏡的宏偉目標。設定六公尺這個參數，顯然是為了超越海耳望遠鏡的五公尺，奪取世界第一。在當時的技術條件下，六公尺已經是望遠鏡玻璃加工的極限水準。鏡片如果再大一點，就會過於沉重，鏡片本身在重力和溫度變化下的變形將嚴重影響望遠鏡的使用。大型望遠鏡還必須被安放在特別優秀的觀測地點。由於靠近地面的空氣流動複雜，冷熱空氣對流，使星光抖動嚴重，這也是為什麼我們在地面上看到夜空中的星星會眨眼。對天文觀測來說，更好的觀測位置通常要求更高的海拔和更黑暗的環境。約安尼西阿尼團隊派出了十六批勘探隊伍，深入蘇聯全境，尋找適合建造望遠鏡的地點。

最終，蘇聯希望在建造大型光學望遠鏡的同時，也建造一臺大型射電望遠鏡，兩臺望遠鏡放在同一個地方，方便容納所有天文學家一起工作。最終，大望遠鏡選址確定為北高加索地區的澤連丘克斯卡亞，海拔兩千七百三十三公尺，臨近下阿爾赫茲。一九六六年，蘇聯在這裡建立了特設天體物理臺。[2]

LOMO 工廠與蘇聯幾家光學儀器廠，再加上蘇聯光學研究所，共同承擔了製造大望遠鏡的任務。望遠鏡最重要的組成部分是六公尺直徑的主鏡面。經過幾年的努力，主鏡面終於加工完畢。但在處理過程中，工廠的玻璃冷卻流程過快，導致主鏡片的玻璃中出現裂縫和大量氣泡。這塊主鏡片製造失敗，無法投入使用。緊接著，工廠第二次製作主鏡鏡片。有了上一次的經驗教訓，第二塊鏡片延長了冷卻退火時間，改善了一部分玻璃加工工藝，成品比第一塊確實有所改善，但玻璃表面依然充滿氣泡和裂紋。

蘇聯花了十年時間研製，已經投入了巨大的人力物力，面對不完美的鏡片也只能硬著頭皮往下進行。一九七五年，大望遠鏡安裝完畢。當年十二月二十八日夜晚，望遠鏡第一次導入星光，拍攝第一張夜空的照片。又經過了一年多的技術調試，大望遠鏡在一九七七年宣布全面投入使用。從此，蘇聯擁有了世界第一大望遠鏡。光是單獨的主鏡就重達四十二噸，鏡筒部分長度超過二十六公尺。加上附屬支撐系統的重量八十噸，望遠鏡整體可移動部分的重量是六百五十噸。約安尼西阿尼獲得蘇聯勞動英雄勳章、列寧獎章和蘇聯國家勳章。[3]

但是，尺寸上的世界第一並不意味著品質上的世界第一。因為鏡片存在較多瑕疵，工作人員在使用時要用黑布，遮蔽在瑕疵比較集中的部分鏡片上，所以，望遠鏡的實際通光面積不是原來計畫的六公尺口徑的圓形面積，觀測效果只相當於很小口徑的望遠鏡。天文學家無法忍受這麼低的觀測效率，無奈之下要求工廠重新製作了第三塊主鏡。一九七八年，第三塊鏡片安裝完畢，鏡片中不再有明顯的裂紋，情況有所改善。[4]

鏡片的瑕疵使有效口徑減少，這還不是最麻煩的事。望遠鏡所在的觀測位置更讓人憂心。觀測站位於高加索地區的下風口，這裡的夜晚容易出現大風或濃霧天氣，氣候條件很不穩定。按照望遠鏡實際使用中的統計，平均每年只有一半的夜晚可以開展觀測工作，但沒有人知道可以觀測的時間具體會出現在哪幾個月。因為地處下風口，湍急複雜的氣流使得夜晚的星光劇烈抖動。影響氣流的因素除了觀測位置，還有望遠鏡的圓頂。正常情況下，圓頂的直徑是望遠鏡口徑的八到十倍比較合適。圓頂太小，望遠鏡在其中運轉不靈；圓頂太大，無效的空間太多，會增加氣流變化的機會。比如海耳望遠鏡口徑五公尺，它的圓頂直徑是四十二公尺，圓頂直徑是主鏡口徑的八倍。而地平式六公尺口徑大望遠鏡的圓頂直徑達到一百公尺，是主鏡口徑的十六倍。望遠鏡的最高處和圓頂的最高處有十二公尺的空隙。整個圓頂的旋轉部分重達一千噸。這樣的圓頂完全可以容納一臺十公尺口徑望遠鏡。但現在，圓頂的內部空間過於空曠，氣流在圓頂裡進進出出，形成微妙的小氣候，在望遠鏡鏡筒上方的氣流起伏嚴重，使觀測品質進一步惡化。

從實際觀測的圖像上看，恆星彌漫的光斑小於一角秒都極其罕見，兩角秒的彌漫範圍就算得上是優秀的觀測夜。一九九四到二〇一〇年，只有百分之四的觀測夜的成像品質好於一角秒。而位於美國的幾座天文臺的星光彌漫範圍大部分時間都在一角秒以內。[5]

到了二十世紀九〇年代，美國在夏威夷建造了十公尺口徑的凱克望遠鏡，大大超越六公尺口徑，重新奪回了世界第一的位置。隨後，一批新建的望遠鏡口徑普遍在八公尺以上。時至今日，全世界有十公尺口徑望遠鏡五臺，八公尺口徑望遠鏡九臺，六點五公尺口徑望遠鏡四臺。當年的地平式六公尺口徑大望遠鏡，處於世界第十九名。

在望遠鏡的使用中，工程師經常用一種鹼性洗滌劑清洗鏡面，之後再用硝酸沖刷，中和掉鹼性的洗滌劑。從二〇〇七年開始，因多年的反覆清洗和沖刷，這臺大望遠鏡的主鏡鏡面被嚴重腐蝕，出現了多處斑駁的瑕疵。二〇一二年，天文臺決定放棄第三塊鏡面，到工廠裡找回了當年被拆下來存放的第二塊鏡面，用拋光機把鏡面打磨掉八公釐的表層，去掉了大部分氣泡和裂縫，重新安裝到望遠鏡上。二〇一七年，鏡面拋光工藝完成。二〇一八年五月，望遠鏡主鏡鏡面完成替換工作。

六公尺口徑大望遠鏡從一九七七年建成到二〇一七年重新更換主鏡，投入使用四十年，也經歷了被詬病的四十年。望遠鏡的觀測品質太差，這讓天文學家另闢蹊徑，尋找更適合這臺望遠鏡的使用方法。

既然長時間拍攝一個目標的時候，空氣抖動會造成星象不穩定，星點擴散成比較大的範圍，那麼只要縮短觀測時間，就可以抓住星象沒有抖動的瞬間圖像。天文學家嘗試只用很短的時間拍攝目標，比如每張照片只曝光十毫秒，獲得比較清晰的圖像，再多次重複這樣的操作，把大量的清晰圖像重疊起來，得到更完善的觀測圖像。這就是散斑成像技術。當成像品質很好，空氣情況也總能達到完美的程度時，沒有人想要實施散斑成像技術。但大望遠鏡現在必須依賴散斑成像，才能有效完成觀測任務。所以，這項技術在天文學家手中得到充分的實踐和發展。根據天文臺科學家的統計資料，利用散斑成像技術之後，大望遠鏡雖然犧牲了觀測的深度，但能對比較亮的恆星實現非常精細的觀測，這也算是盡力充分發揮望遠鏡的作用了。

除了觀測技術之外，大望遠鏡的結構本身也是一項創新。

蘇聯人沒有製造過這麼大的望遠鏡，也不知道當時的技術要怎麼解決望遠鏡的軸承轉動問題。在此之前，望遠鏡都有兩根轉動軸，一根軸指向北極星，被稱為極軸或經度軸，望遠鏡圍繞極軸轉動可以改變指向的經度。另一根軸是緯度軸，與極軸垂直指向地球赤道在天空中的投影方向，望遠鏡圍繞這根軸轉動可以改變緯度。兩個方向的轉動聯合起來，就可以讓望遠鏡指向天空中任何一個經緯度的座標方向。這就是傳統的赤道座標望遠鏡。這種結構被應用於六公尺口徑大望遠鏡之前還沒有先例。沒有辦法，就只能創新。蘇聯用最簡單的立柱架起望遠鏡，望遠鏡只能垂直轉動或水平轉動。這樣的望遠鏡被稱為地平座標望遠鏡。赤道座標望遠鏡的好處是，望遠鏡長時間觀測一個目標的時候，只需要轉動一根經度軸，緯度軸不動，就可以跟蹤目標的東升西落。在望遠鏡的視野中，目標可以保持不動。但地平座標望遠鏡想要跟蹤目標，兩根軸要做出很複雜的聯合轉動，計算起來相當麻煩。蘇聯使用電腦計算兩根軸需要轉動的角度，即時控制望遠鏡的運動方式。這是人類首次使用電腦控制望遠鏡。在此之後，大部分大型望遠鏡都會沿用這種技術，望遠鏡本身可以被建造成地平式的簡單結構，兩根軸的複雜運動交給電腦來處理。這項結果真是誤打誤撞，因禍得福。蘇聯天文學家推動了電腦控制望遠鏡的技術，在全世界範圍掀起了簡化望遠鏡支撐結構的浪潮。

從七十六公釐口徑的成熟經驗，到二點六公尺口徑的先鋒產品，再到六公尺口徑的世界第一，這一步跨越實在太大了。蘇聯沒有建造兩公尺口徑以上望遠鏡的經驗，無論是設計思路還是硬體加工工藝都不足以支援這麼大的跨越。玻璃加工水準不足，三塊鏡片各有瑕疵；圓頂大而不實，無法解決空氣流動問題；觀測地點氣象條件惡劣，浪費了望遠鏡的口徑和觀測時間……這些問題綜合在一起，讓這臺曾經的世界第一大望遠鏡成了一隻「大白象」——人們花費重金獲取，日常需要精心維護，卻沒有產生太大的實用價值。

競爭意識可能會阻礙競爭本身。當科學探索捲入政治對抗，追求名義上的第一就會損害科學上的精益求精。當時，蘇聯已經成功建造了二點六公尺口徑望遠鏡，如果不是為了超越海耳望遠鏡，而是穩紮穩打地設計更實用可靠的四公尺口徑望遠鏡，經過幾十年的光陰，可能已經取得了更重要的成果。

LOMO 沒能製造出優秀的六公尺口徑望遠鏡，但在無心插柳中，發展了散斑成像技術，為世界天文學貢獻了珍貴的工作方法。地平式六公尺口徑大望遠鏡的經歷，就像 LOMO 工廠的小相機一樣，沒能實現最初的設計目標，卻意外地發展出了新的使用方法。技術會失敗，工廠會沒落，方案會擱淺，但人類的創造力卻在破碎的鏡片和漏光的底板之間一躍而起，寫下新的故事。

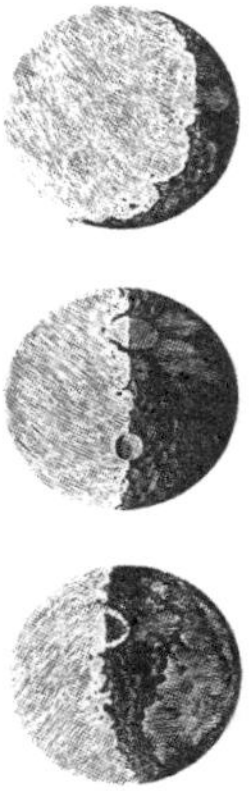

17 宇宙的餘暉

拉爾夫・阿爾弗　Ralph Asher Alpher
美國物理學家、天文學家
1921——2007

羅伯特・赫爾曼　Robert Herman
美國物理學家、天文學家
1914——1997

哈伯利用M31中的恆星距離，平息了天文學的世紀大辯論，確定了M31是銀河系之外的另一個獨立星系。在此基礎上，哈伯進一步觀測了大量其他星系，用望遠鏡尋找這些星系中的特殊恆星，計算出它們的距離，再拍攝它們的光譜，根據譜線的位移情況計算它們的速度。光譜上的譜線特徵朝紅光，也就是長波的方向偏移，這就叫「紅移」。紅移意味著物體正在遠離。就像火車開出月臺的時候，汽笛聲的波長變長。哈伯把這些星系的距離和速度放在一起對照，發現了一個新的規律：星系大多朝著遠離我們的方向運動，離我們越遠的星系，遠離我們的速度越快。

哈伯確認了這條規律是正比關係，即星系遠離我們的速度與其到我們的距離成正比，我們現在把這條規律叫哈伯定律。他測量出這個比例係數大約是五百公里每秒每兆秒差距，意思是距離我們一兆秒差距的位置上，星系遠離我們的速度是五百公里每秒，這就是哈伯常數。[1]

如果哈伯定律是對的，所有的星系都在遠離我們，離我們越遠的星系，遠離我們的速度越快，那麼整個宇宙就像是一個吹起來的大氣球，空間整體正在向外膨脹。如果把時間倒退回去，過去的星系就應該靠得更近，宇宙整體的尺度更小。如果把時間一直倒退到某個起點，那時所有的星系聚集在一起，整個宇宙將縮小成一個點……。

按照這個邏輯推演下去，我們就會得出一個大膽的猜測：宇宙從一個點開始膨脹，直到現在。這就意味著，宇宙有起始的那一刻，宇宙的年齡有限，而且一直處於變化的過程中。這個變化主要表現為尺度上的膨脹。在這樣的推論出現的同時，天文學界對宇宙認識的主流理論恰恰相反，認為宇宙是靜態不變的「穩態宇宙」。堅持穩態宇宙論的天文學家主要是英國劍橋大學的佛萊德・霍伊爾（Fred Hoyle）、赫爾曼・邦迪和湯馬士・戈爾德。雖然宇宙可以不斷產生新的物質，但整體無始無終，不存在一個時間和空間上的起點。霍伊爾還曾經在一次公開演講中嘲笑了哈伯那個把匪夷所思的宇宙起點叫「大霹靂」的推論。

但是，天文學家喬治・伽莫夫（George Gamow）一直支持大霹靂宇宙論。他出生於俄國，後移居美國，受聘為華盛頓大學教授。二十世紀四〇年代，伽莫夫招收了一名博士生阿爾弗。

阿爾弗於一九二一年出生，畢業於華盛頓的羅斯福高中。高中畢業後，他在學校做了兩年舞臺管理的兼職工作，以貼補家用。在此期間，他學習了速記技術，給美國地球物理學會的主任做過速記員。阿爾弗申請麻省理工學院的獎學金，但被莫名其妙地取消了，他輾轉就讀於華盛頓大學，獲得物理學學士學位。畢業後正值二戰爆發，阿爾弗為卡內基基金會工作，開發戰船的消磁技術。戰後，他到約翰・霍普金斯大學應用物理實驗室繼續做科學研究。就是在此期間，他與導師伽莫夫開展了一系列合作。

阿爾弗與導師伽莫夫的主要工作是研究宇宙中化學元素的來源。他們提出，宇宙中一開始可能只有氫和氦兩種元素，並且計算了兩種元素的比例關係。只有以這樣的方式產生氫和氦兩種元素，它們才有可能進一步合成元素週期表上更複雜的元素，讓宇宙的化學組成變成今天的樣子。阿爾弗和伽莫夫完成了這篇論文。在準備投稿的時候，伽莫夫突發奇想，認為兩個人的名字分別對應著希臘字母的 α 和 γ，中間缺了一個 β。於是，伽莫夫在論文發表的最後時刻，加入了另一位作者漢斯・貝特（Hans Bethe）的名字，因為貝特對應著 β。就這樣，作者名單的首字母成了αβγ，論文在一九四八年四月一日愚人節當天發表於《物理學評論》期刊。這就是天文史上著名的αβγ理論。貝特沒有反對伽莫夫的做法，在論文中提供了大量有意義的討論和建議。阿爾弗本來只是在讀研究生，但跟著天文學業內的兩位大師共同署名重要的研究論文，讓他一下子出了名。[2]

就在這種環境中，阿爾弗完成了博士論文，通過論文口試，獲得了博士學位。他的口試委員會主席就是漢斯・貝特。這場論文口試事先受到了媒體的關注，口試現場有三百多人前來旁聽。博士畢業後，阿爾弗繼續在約翰・霍普金斯大學應用物理實驗室工作，與同事赫爾曼開展合作。

赫爾曼一九一四年出生在紐約，二十一歲畢業於紐約城市學院物理學系，一九四〇年獲得普林斯頓大學博士學位。畢業後，赫爾曼在賓夕法尼亞大學和紐約城市學院工作過兩年，之後來到約翰・霍普金斯大學應用物理實驗室。[3]

伽莫夫支持大霹靂宇宙論，相信宇宙誕生於某個起始的點。如果真的如此，宇宙在那一刻釋放巨大的能量。隨著時間流逝，宇宙的空間越來越大，能量被稀釋，溫度變得越來越低，慢慢變成現在的樣子。因為時間並非無限，所以宇宙大霹靂那一刻的能量，稀釋到今天為止，應該還有一點點殘餘溫度，這就是宇宙中去除恆星和星系之後，空間背景本身的溫度。

阿爾弗和赫爾曼繼承了伽莫夫的理論，投入了數學計算。兩個人在一九四八年得出結論：如果宇宙真的起源於大霹靂，那麼今天的宇宙應該還存在大約五度的殘餘溫度。一九四八年十一月十三日，這項結論在《自然》期刊發表時只給出了非常簡要的介紹。[4]第二年，他們的詳細研究結果陸續在《物理學評論》上發表。[5]

實際上，阿爾弗和赫爾曼提出了一個檢驗大霹靂宇宙論是否正確的標準。如果能探測到今天的宇宙裡存在五度左右的殘餘溫度，是對大霹靂宇宙論的最好支持。否則大霹靂宇宙論的證據不足。但是，經過長時間的演化，宇宙誕生之初閃耀的巨大光芒到了今天我們的身邊，也像那些星系一樣，要經歷紅移的過程，也就是波長會變長。根據計算，宇宙早期的光紅移到今天，波長已經遠遠超出了肉眼的可見光範圍，位於無線電的微波波段。要證實阿爾弗和赫爾曼的理論，以至於證實大霹靂宇宙論，就要在微波波段觀測宇宙。

二十世紀四〇、五〇年代，二戰剛剛結束，美國社會的經濟和科學逐漸復甦。無線電天線在戰爭期間被廣泛應用於雷達探測，戰後，無線電天文學在這些天線的基礎上逐漸發展起來。但當時沒有人提出要用無線電天線真的看一看宇宙背景。阿爾弗和赫爾曼所在的應用物理實驗室集中了擅長理論的物理學家，大家從來沒有想過從天文學的角度嘗試觀測。他們的導師伽莫夫也是物理學家出身，不喜歡把論文發表在天文學期刊上，所以他們把一系列學術成果投給了物理學期刊或遠在英國的《自然》期刊，而在美國本土天文學家最關注的《天體物理學期刊》上，從來沒有見過阿爾弗、赫爾曼和伽莫夫的學術成果。根據阿爾弗和赫爾曼很多年後的回憶，伽莫夫當年認為，《天體物理學期刊》的主編錢德拉塞卡支持霍伊爾的穩態宇宙論，錢德拉塞卡本人也在進行類似方向的研究，所以他們這樣的新成果很難成功發表。

另外一個原因是，伽莫夫因為 $\alpha\beta\gamma$ 理論的發表，被美國同行認為缺乏嚴肅性，大家甚至懷疑阿爾弗不是一位真實存在的學者。在美國天文學家群體的眼中，伽莫夫等人竟然為了給論文作者的名字湊字母，就可以胡亂增加姓名的作者，所以天文學家偶爾聽說或看到伽莫夫、阿爾弗等人的論文，也會懷疑這些成果是否真的可靠。就這樣，阿爾弗和赫爾曼預測的宇宙殘餘溫度被忽視了。

十六年之後，貝爾實驗室的兩位工程師彭齊亞斯（Arno Penzias）和威爾遜（Robert Wilson）奉命檢查一架無線電天線的雜訊問題。這座天線的喇叭口長寬皆為六公尺，由金屬鋁結構搭建，用來接收雷達信號和衛星信號。彭齊亞斯和威爾遜起初認為，天線上覆蓋著厚厚的鴿子糞，影響了信號的接收，產生雜訊。兩位元工程師認真清洗了天線上的糞便，反覆測試後，發現雜訊依然存在。他們發現雜訊低沉、穩定，而且均勻地分布在整個天空中，每日每夜都存在。

與此同時，普林斯頓大學的一組天文學家正在探索大霹靂宇宙論的證據。他們雙方共同認識的朋友為兩邊牽線搭橋，進行了一番討論，大家都認為這是至關重要的發現。於是，天線工程師和天文學家約定好，雙方分頭寫論文，並同時發表。在《天體物理學期刊》通訊中，前一篇來自天文學家的論文提出，如果宇宙產生於大霹靂，那麼現在應該可以觀測到微弱的殘存能量。後一篇來自工程師的論文說，他們檢查天線的時候發現了一種溫度的殘餘，但不知道來源是什麼。[6][7]

兩篇論文相互對照，明眼人都看得出來，大霹靂宇宙論期待已久的證據找到了，宇宙正在輻射著最初大霹靂能量的餘暉。大家都在興奮中，卻沒有人記得阿爾弗和赫爾曼。在普林斯頓天文學家群體的論文中，沒有提到阿爾弗與赫爾曼早就預測了這件事。在工程師的論文中，也沒有提到阿爾弗和赫爾曼早就提出過的溫度。阿爾弗與赫爾曼這兩位宇宙學理論的先驅就這樣被世界遺忘了。

二十世紀六〇年代，無線電天線確認發現微波背景輻射的時候，同輩天文學家忘記了阿爾弗和赫爾曼。十幾年之後，諾貝爾獎委員會再次忘記了他們。

一九七八年，彭齊亞斯和威爾遜獲得諾貝爾物理學獎，表彰他們發現了微波背景輻射。二〇一九年，諾貝爾物理學獎被頒發給為微波背景輻射做出過理論貢獻的天文學家。可惜的是，阿爾弗與赫爾曼都已經去世，當年普林斯頓大學的一組天文學家也僅剩皮布林斯一人在世。因此，當年從理論上預言微波背景輻射的天文學家中，只有皮布林斯一人獲得了二〇一九年諾貝爾物理學獎。

阿爾弗與赫爾曼似乎淡出了人們的視野。

應用物理實驗室的工作完成之後，阿爾弗與赫爾曼都離開了天文學和物理學研究領域。一九五五到一九五六年，兩人先後加入了通用汽車公司。阿爾弗研究飛船從太空重新進入地球大氣層的問題。赫爾曼研究汽車擁堵的科學問題，率先開創了交通科學這門學科。二十世紀五〇、六〇年代，赫爾曼研究城鎮中的交通流理論，為今天的現代城市發展和智慧交通行業奠定了理論基礎。在業餘時間，赫爾曼喜歡演奏大提琴和長笛，還喜歡在木頭上雕刻藝術作品。赫爾曼在去世前，還舉辦過幾次個人木雕藝術展。

阿爾弗晚年接受《發現》期刊採訪時說，他做科學研究有兩個原因：一個是利他的原因，也許可以為人類對世界的知識儲備做出貢獻。另一個是更個人化的原因，希望得到同行的認可，純粹而簡單。他還曾經告誡自己的兒子：「你必須在每天的工作中找到滿足感，因為你不會經常得到獎勵。」[8]

的確，阿爾弗和赫爾曼都沒能在正確的時間得到正確的獎勵。他們年輕時的工作沒能被同輩認可。但是，後代學者追贈給他們大量榮譽。阿爾弗和赫爾曼獲得了天文學界除諾貝爾獎之外的幾乎所有榮譽。也許，在阿爾弗所說的兩個做科學研究的原因中，第一個原因更重要。[9][10]

18
非主流的宇宙模型

佛萊德・霍伊爾　Fred Hoyle
英國天文學家、作家
1915——2001

建築師克雷格受朋友弗利的邀請來到肯特郡的鄉村別墅，為這座別墅提供裝修工程上的一些建議。克雷格驚恐地發現，他在這裡見到的客人曾經反覆出現在自己的夢裡。他被不明原因的力量困在一個夢境中，反覆醒來，再反覆入夢，永遠無法擺脫周而復始的迴圈。[1]

這是恐怖電影《死亡之夜》（Dead of Night）中的情節。臺下的觀眾當中有三位好友，分別是佛萊德・霍伊爾、湯馬士・戈爾德和赫爾曼・邦迪。一九四五年，英國取得了第二次世界大戰的勝利，電影院可以重新上映之前被禁止的恐怖電影。三位好友看完電影，深受觸動，聯想到了我們的宇宙。三人在二戰期間都離開了大學，為英國皇家海軍服務，研究軍用雷達技術。在戰爭期間，他們就經常聚在一起討論宇宙學的問題。《死亡之夜》的情節啟發了他們：宇宙有沒有可能處於周而復始的迴圈之中？[2]

霍伊爾生於一九一五年，二十一歲畢業於劍橋大學伊曼紐爾學院，獲得物理學學士學位，二十四歲獲得劍橋大學聖約翰學院碩士學位。二戰爆發後，霍伊爾離開劍橋大學，服務於海軍。就是在這段時間，霍伊爾認識了戈爾德和邦迪。

戰後，三個人回到劍橋大學，霍伊爾成為數學講師。

霍伊爾在青年時代就顯得格格不入，經常提出與主流思想截然不同的新主張。比如在一九四五年，霍伊爾提出了關於太陽系起源的新理論。他認為，太陽原本並不是現在這樣孤零零的一顆恆星，而是一對雙星之一。太陽的伴星後來瓦解，才形成了太陽周圍包括地球在內的行星。這篇論文發表在《英國皇家天文學會月刊》上，到今天為止僅被引用了八次，還都是以批駁的方式。[3]

大英博物館裡陳列著兩塊始祖鳥化石，以此證明早期的鳥類是恐龍進化為鳥類的過渡類型。霍伊爾卻指責兩塊化石都是人造的贗品。後來，大英博物館駁斥了霍伊爾的言論。

霍伊爾不承認主流的石油地球化學領域的理論。主流理論認為石油來自古老的生物化石的沉積結果，但霍伊爾認為，石油和天然氣只是地球深層的碳元素的沉積，和生命無關。

霍伊爾還寫了好幾部科幻小說。他與兒子合作的一部小說《黑雲》（The Black Cloud）講的是宇宙裡一團有智慧的有機分子雲的故事。後來，他與同事合作把這部科幻小說的思想變成了科學理論，在《自然》期刊上發表論文，稱宇宙中的塵埃和氣體雲包含大量有機物成分，其中也包括生命。

關於生命的科學探索不止一例。霍伊爾認為，宇宙中包含著生命種子的塵埃掉落到地球上，才帶來了地球上的生命起源。這樣的掉落不僅發生在地球誕生之初，在之後的歲月裡也一直在發生。所以，地球上經常暴發的大規模流行病，其實來源於突然墜落的隕石帶來的外星生命。他進一步發現，流感疫情的暴發與太陽黑子週期有關係，疫情總是發生在太陽黑子數量最少的時候。他的解釋是，包含流感種子的星際塵埃只有在太陽輻射比較弱的時候才有機會到達地球。[4]如果說討論分子雲團中的有機物還算天文學研究的範疇，討論流感和隕石的關係就純屬腦洞大開了。

霍伊爾不光是在科學探索上與主流觀點格格不入，在人際關係上也常有不和諧之處。他經常直接攻擊持有不同科學觀點的同行，曾經公開諷刺哈伯和伽莫夫等人的宇宙理論來自一場大霹靂。他還攻擊美國政府，認為美國早就已經透過氣球實驗發現了太空中的生命跡象，但祕而不宣。霍伊爾與自己所在的劍橋大學很長時間一直鬧得不愉快，他認為劍橋大學的官僚體系阻礙了科學進步，憤而辭去一切職務，做了一名獨立科學家。一九七四年，發現脈衝星的劍橋大學天文學家安東尼・休伊什（Antony Hewish）獲得諾貝爾物理學獎，霍伊爾公開批評他霸占了其研究生喬瑟琳・貝爾・伯奈爾（Jocelyn Bell Burnell）的研究成果，而伯奈爾卻未能獲獎。霍伊爾這一鬧既得罪了同行，又得罪了諾貝爾獎委員會。[5]

霍伊爾特立獨行的舉止，讓他在天文學界備受爭議。但所有這些爭議都比不上他的宇宙模型受到的關注。

一九四八年，大西洋對岸的美國人提出了大霹靂宇宙論。霍伊爾無法接受這麼詭異的理論，他認為，如果宇宙有時空的起點，那就意味著基本的物理規律有了限制邊界，不能超越時間實現全然普適，這是令人無法接受的。他借此機會，提出了與大霹靂宇宙論相反的另一種宇宙演化理論，也就是著名的穩態宇宙模型。這一模型受到了電影《死亡之夜》中無限迴圈情節的啟發。

穩態宇宙模型認為，宇宙中存在著某種我們還沒有理解的機制，可以持續不斷地產生新的物質，充斥宇宙空間。宇宙持續擴張，容納更多的物質，但宇宙時空的本質沒有變化，宇宙自始至終一直存在，也會一直存在下去。整個宇宙就是困在《死亡之夜》裡的噩夢迴圈。當時，大霹靂宇宙論還沒有找到任何觀測證據，不被主流天文學家承認也算正常。而且，哈伯最初估算的哈伯常數誤差太大，按照這個數位推導的宇宙膨脹速度太快，所以宇宙年齡非常小，甚至小於一些老年恆星的年齡。大霹靂宇宙論面臨很多疑難問題，無法解決。而霍伊爾的穩態宇宙雖然也存在解釋不清的物質產生方式問題，但總比大霹靂宇宙論看起來容易接受一些。

霍伊爾不僅提出自己的理論，而且站在攻擊大霹靂宇宙論的前線。他批評大霹靂宇宙論中需要用到的一些概念都過於奇葩。用霍伊爾的話說，大霹靂宇宙論聽上去「更像是中世紀的理論」。[6] 二十世紀六〇年代，彭齊亞斯和威爾遜發現了微波背景輻射，為大霹靂宇宙論提供了觀測證據。七〇到八〇年代，這一發現獲得了諾貝爾物理學獎，微波背景輻射的觀測也更加精細。但是，霍伊爾依然不買帳。他又提出了新的解釋，認為所謂的微波背景輻射，其實只是恆星爆發後彌漫在宇宙空間中的金屬碎屑散射了星光。直到霍伊爾去世後兩年，他的合作者還發表論文，用鐵屑散射星光來解釋微波背景輻射的觀測現象。

一九五七年，霍伊爾與美國天文學家伯比奇（Burbidge）夫婦和福勒（William Alfred Fowler）合作，研究宇宙中的化學元素的來源。早在十年之前，阿爾弗就已經在博士論文裡論證了宇宙最初的氫元素和氦元素的來源。但元素週期表上更靠後的元素從何而來呢？從邏輯上看，更複雜的元素只能來源於簡單元素的合成。要合成新的元素，就必須讓中子和質子緊密結合為新的原子核，這樣的過程需要特定的高溫和高壓環境。在宇宙平靜演化的過程中，唯一有能力提供元素核合成環境的就是恆星內部。因此，霍伊爾等人提出，恆星的核心進行的核反應環境，就是合成新元素的大熔爐。四位作者發表論文，建立了恆星元素核合成理論。組成我們身體和周邊環境的一切物質都是化學元素，除了氫、氦和少量的鋰元素外，其他所有元素都誕生於恆星內部。新誕生的元素儲存在恆星體內，隨著恆星死亡後的爆發，各種化學元素隨著星雲的氣體和塵埃重新回到宇宙的星際空間中，再經過漫長的時間重新冷卻、聚集、結合，形成岩石和地球，成為我們生活中的一切。一言以蔽之，我們就是星星的塵埃。一九五七年十月一日，四位作者的論文發表在《現代物理學評論》期刊上。[7]作者名字的首字母是兩個B、一個F和一個H，所以恆星元素核合成理論又叫B2FH理論。在論文寫作過程中，伯比奇夫婦提供觀測資料的支援，福勒提供數學計算，霍伊爾整合理論框架。伯比奇夫婦事後回憶說：「我們的合作中沒有領導者，我們每個人都做出了本質性的貢獻。」B2FH理論讓科學家開始認真關注天文學中的元素核合成領域，天文學家的豐富觀測反過來支持了這一理論。

一九八三年十月的一天夜裡，論文作者之一福勒接到一個電話。電話另一頭表示，自己代表瑞典諾貝爾獎委員會，通知他獲得了當年的諾貝爾物理學獎，獲獎原因是B2FH理論。所有科學家接到這樣的電話都會感到震驚。福勒在震驚之餘，詢問對方共同獲獎的還有誰。他得到的答覆是，與福勒分享本年度諾貝爾物理學獎的另一個人是錢德拉塞卡，他的獲獎原因是白矮星的質量極限。福勒完全不敢相信這個結果，伯比奇夫婦和霍伊爾都沒有獲獎，B2FH四人組中獲獎的只有自己，這是怎麼回事？

諾貝爾獎委員會從來不會公開回應這樣的疑問。有人猜測，霍伊爾被取消獲獎資格，就是因為他曾經為了脈衝星的事讓諾貝爾獎委員會憤怒。也有人認為，霍伊爾常年不接受主流的大霹靂宇宙論，是諾貝爾獎委員會忽略他的重要原因，因為諾貝爾獎不僅獎勵科學家的一次工作，而且鼓勵科學家的一生追求。還有人認為，霍伊爾在科學界的人緣實在太差，這可能也影響到諾貝爾獎的評選結果。

不管真相如何，霍伊爾的同事為他鳴不平。伯比奇夫婦說：「霍伊爾工作的重要性被低估了，他應該獲獎。」

諾貝爾獎即便榮譽再大，也依賴人的評選。而所有依賴人的評選的工作都會有或多或少的遺憾。霍伊爾當年為研究生伯奈爾鳴冤，現在輪到命運對自己不公，他卻沒有多做分辯。

辭去劍橋大學教職後的霍伊爾搬到了英國湖區隱居，平日喜歡徒步穿越荒原和寫書，偶爾拜訪世界各地的研究機構。一九九七年，霍伊爾徒步穿越荒原的時候，失足掉進了一處陡峭的峽谷。搜救犬發現他的時候，他已經忍受了十二個小時的寒冷，肺炎、腎臟問題和肩胛骨骨折讓他休養了幾個月二〇〇一年，霍伊爾患上中風，於夏天去世。[8]

在霍伊爾的晚年，大霹靂宇宙論已經獲得了越來越多的觀測證據，逐漸成為天文學的主流思想。即便如此，他也不認輸，始終堅持他的穩態宇宙論。

就是這樣一位時常異想天開、充滿熱情又追求自由的天文學家，一生發表四百多篇學術論文，創立了劍橋大學天文研究所，將其發展為世界一流的研究機構，提出了天文學上里程碑式的恆星元素核合成理論，當選英國皇家學會副會長和皇家天文學會會長，被封為爵士，卻始終沒能接受主流宇宙學理論。

霍伊爾不喜歡那些跟隨主流的聲勢，他總是帶著懷疑的眼光重新審視熱門的流行理論，並勇敢提出反對意見。科學進步的動力總是少不了霍伊爾這樣的反對者。他一生堅定地與大霹靂宇宙論為敵，但也正是因為他的抗辯，大霹靂宇宙論的支持者才必須小心謹慎，努力發掘更多、更堅實的觀測證據，認真檢查邏輯過程，仔細堵住所有可能被攻擊的漏洞。霍伊爾就像一位要求嚴苛的教練，督促著主流天文學家將宇宙模型發展得更為可靠。

一九七八年諾貝爾物理學獎得主彭齊亞斯和威爾遜必須感謝霍伊爾的嚴苛

對抗，一九八三年諾貝爾物理學獎得主福勒必須感謝霍伊爾早年的合作研究，所有從事宇宙學和恆星化學演化的天文學家都有必要感謝霍伊爾的創造性工作，是他把無人問津的領域發展為茁壯成長的參天大樹，也是他把不盲目相信的批評精神融入現代天文學尖端的具體工作中。穩態宇宙模型可能失敗了，但霍伊爾的倔強目光沒有失敗。

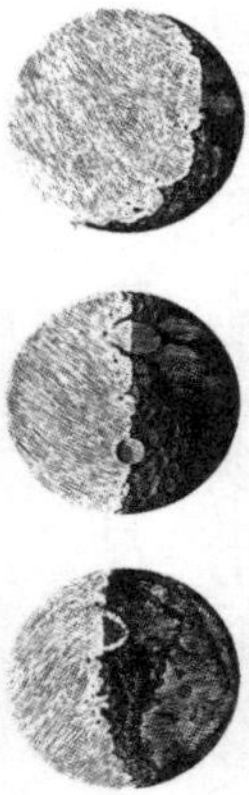

19
誤報重力波

約瑟夫・韋伯　Joseph Weber
美國物理學家、海軍
1919——2000

二〇一六年二月十一日，美國華盛頓召開新聞發布會。美國國家科學基金會主管和雷射干涉重力波天文臺的主要負責人雷納・韋斯和基普・索恩共同出席，向全世界宣布，雷射干涉重力波天文臺成功探測到重力波。位於瑞士日內瓦的歐洲核子研究中心同步召開發布會，雷射干涉重力波天文臺主要負責人之一巴里・巴利許（Barry Barish）通報了同一結果。第二年，索恩（Kip Thorne）、魏斯（Rainer Weiss）和巴利許三人共同獲得二〇一七年諾貝爾物理學獎。[1]

在華盛頓召開的發布會上，觀眾席第一排中有一位特邀嘉賓，她是七十三歲的天文學家弗吉尼婭・路易絲・特林布林。特林布林與發現重力波的工作沒有關係，邀請她出席這場科學盛會，主要是為了向她的先夫約瑟夫・韋伯致敬。在發布會上，科學家宣布，在半年前，雷射干涉重力波天文臺探測到一起重力波事件。根據後續推算，重力波來自兩個大質量黑洞的合併。在地球上剛剛出現多細胞生命的時候，十三億光年外的一個三十六倍太陽質量的黑洞與一個二十九倍太陽質量的黑洞合併成一個六十二倍太陽質量的黑洞。損失的三倍太陽質量以重力波的形式輻射出來。其輻射的總能量相當於可觀測宇宙全部星辰發光能量的十倍。強大的重力波以光速穿越十幾億光年的宇宙空間，於二〇一五年九月十四日抵達地球。

這一天是猶太新年，也是韋伯的忌日。

在愛因斯坦提出廣義相對論，預言存在重力波之後，人類用了整整一百年的時間才終於直接探測到重力波的存在，為廣義相對論補上了最後一塊拼圖。而最初實際嘗試探測重力波的人就是韋伯。

一九一九年，約瑟夫・韋伯在美國紐澤西州出生，父母是來自立陶宛的猶太移民，不會說英語。韋伯小時候為了貼補家用，經常打工，做過報童和球童，他還常在一家無線電商店打工賺取零用錢，空閒時間喜歡去圖書館，最愛讀的書是麥克斯韋的《相對運動和絕對運動》以及小說《包法利夫人》。十六歲時，韋伯高中畢業，本打算在當地上大學，但考慮到家裡的經濟負擔過重，為了省錢，便報考了美國海軍學院。他曾經偷偷在學校食堂裡安裝音響線路。在一次晚餐時間，舒伯特的《C大調交響曲》突然淹沒了叮叮噹當的刀叉聲，韋伯也因此受到同學的擁護。一九四〇年，他從海軍學院畢業。二戰期間，他在海軍的艦艇上服役，授少尉軍銜。日本偷襲珍珠港的時候，韋伯正在「列克星敦號」航母上做導航員。在針對日本的反擊戰中，他經歷了「列克星敦號」航母被擊沉的瞬間。當時他剛剛晉升為中尉，正在甲板上執勤，目睹了多位戰友犧牲。[2]

倖存下來的韋伯在艦艇上繼續服役，參與過多次實戰。二戰後期，韋伯回到海軍學院，修讀電子學系研究生。戰後，他到華盛頓的海軍船舶局負責電子對抗技術的設計。一九四八年，二十九歲的韋伯離開軍隊，進入馬里蘭大學工作。學校同意聘用他，但希望他儘快取得博士學位。他白天工作，晚上自學攻讀，三年之後獲得美國天主教大學博士學位。

在執教和學習的這段日子裡，韋伯研究了雷射技術。當時有一位物理學家查理斯・哈德・湯斯對雷射很感興趣，向韋伯請教了雷射方面的知識。在韋伯論文的基礎上，湯斯發展了雷射器，建造了可以在無線電波段發射雷射的設備，獲得了一九六四年諾貝爾物理學獎。韋伯後來經常和人開玩笑說，自己被湯斯騙走了一個諾貝爾物理學獎，以後要進入更難的領域，這樣才不怕有人競爭。

這時的韋伯有了四個兒子，孩子們的吵鬧讓人睡不好覺，韋伯只能靠閱讀愛因斯坦的廣義相對論著作熬時間。這一讀，讓韋伯對相對論產生了興趣。

三十六歲的韋伯迎來了重要的機遇。他獲得了古根海姆獎學金，利用休假時間在普林斯頓大學與荷蘭萊頓大學訪學，與物理學家惠勒（John Archibald Wheeler）一起研究當時最尖端的重力輻射問題。惠勒是重力理論的奠基人，「黑洞」這個詞就出自惠勒之口。愛因斯坦廣義相對論的一個推論就是重力以波的形式傳播，但半個世紀過去了，沒有人發現過重力波，也沒有任何關於重力波存在的證據。直到二十年後，普林斯頓的赫爾斯和泰勒才發現重力波存在的間接證據。韋伯對重力和重力波產生了興趣，馬上從馬里蘭大學工程系轉到了物理系，開始基礎物理學的研究。

韋伯認識到，要想探測到重力波，就必須設計建造精密的重力波探測器。探測器應該是什麼樣的呢？那時候，還沒有人有頭緒。探測重力波，實際上就是要探測到重力波產生的效果。根據廣義相對論和基礎物理學的研究，如果真的存在重力波，當遙遠星空中的黑洞、中子星或超新星爆發的過程輻射出的重力波傳播到地球附近的時候，會拉伸和擠壓空間，產生的效果是使物體的尺寸發生微小的改變。具體改變的比例是 10^{-20} 到 10^{-16} 的數量級。整個太陽系這麼大的系統，受到重力波的作用，尺寸只會改變幾微米到幾公釐。整個地球的尺寸變化也只有萬分之幾奈米到幾奈米。也就是說，探測重力波的工作，實際上就是精確測量極其微小的長度變化的工作。肉眼當然不可能精確判斷這麼小的長度變化，測量工作必須依靠電子儀器，電子工程學正好是韋伯的老本行。他學工程技術出身，又有著退伍軍官的執行力，這些素質正好在物理實驗中被派上用場。理論物理學家無力實現的重力波探測器，韋伯決心要實現。

從二十世紀六〇年代開始，韋伯的主要工作就是研發重力波探測器。他的構想非常簡單，有著工程師的敏銳思路。他設計了一根長兩公尺，直徑一公尺的實心金屬圓柱體，整個圓柱體由金屬鋁打造，重量超過兩噸。韋伯用很細但承重很強的金屬細絲懸掛這根圓柱體，使它靜止不動。重力波經過圓柱體的時候，會產生振動，振動的頻率是一千六百六十赫茲。因為重力波的效應，這根圓柱體的長度會發生變化。當然，是極其微小的變化。所以，圓柱體周圍排滿了敏感的電子元器件，用來探測圓柱體的變化。一旦重力波來臨，圓柱體的振動就會持續幾十秒。就像敲響音叉後，餘音不斷。這個裝置叫韋伯棒，原理很簡單，但實際做起來一點也不容易。

最難解決的問題是雜訊。要想探測到極其微弱的信號，韋伯棒的探測裝置需要調整到特別敏感的狀態。但敏感的探測器也帶來了更多的麻煩。遙遠的重力波能引起韋伯棒的振動，近處的振動也可以讓韋伯棒有變化。實驗室裡的空氣溫度、濕度變化和韋伯棒的金屬圓柱體本身的散熱都會產生影響。韋伯在降低雜訊方面投入了特別多的時間和精力。韋伯棒被放在真空的實驗室裡，再給電子元器件降低溫度，在冰冷的狀態下雜訊更低。經過一系列努力，儀器的靈敏度達到了 10^{-17} 數量級，有能力探測到重力波中最強的那部分。除了實驗室裡的擾動，實驗室周圍的環境也要考慮。比如地震、附近的施工甚至一輛卡車從周圍的路上駛過，都會讓韋伯棒探測到資料。韋伯想到一個解決思路，他製造了兩個完全相同的韋伯棒，分別將其放在不同的地方。如果兩個探測器探測到不同的資料，那振動一定來源於探測器附近的地面活動。只有兩個探測器同時探測到相同的信號，才能證明這個信號來自遙遠的宇宙。於是，韋伯棒一號被放在馬里蘭大學，韋伯棒二號被放在一千公里之外的芝加哥。[3][4]

一九六九年的前三個月，韋伯棒探測到十七次重力波事件。韋伯宣布自己的設備探測到了重力波，這引起了極大的轟動。但是，IBM（國際商業機器公司）研究院的物理學家理查・加溫重建了與韋伯棒類似的設備，卻沒能探測到類似的結果。羅切斯特大學物理學家大衛・道格拉斯在韋伯的處理程式中發現一個嚴重的錯誤，這個錯誤可能導致韋伯把雜訊當成了信號。一九七二年，德國學者也重複了韋伯的實驗，同樣沒能發現重力波。在一九七四年麻省理工學院舉辦的學術會議上，加溫與韋伯針鋒相對，揪住重力波信號的問題，反覆質問。學術界開始懷疑韋伯和他的探測器是否真的有能力探測重力波。馬里蘭大學差點解除韋伯的教授職務，他也很難獲得國家的科研經費，只能解散團隊的部分學生。

地面實驗不夠精準，就把探測器放到月亮上去。韋伯的工程師思路讓他再次振奮起來。他的團隊把探測器改造成小型設備，方便火箭發射和宇航員攜帶。經過幾年的努力，在當地時間一九七二年十二月七日，「阿波羅十七號」將韋伯的重力波探測器帶上月球。但是，當時負責制造探測器的機械師犯了一個錯誤。

月球的重力是地球的六分之一，月球上使用的儀器必須考慮到這一點，再進行相應的調整。機械師忽略了這個事實，使月球上的重力波探測器完全無法工作。這個代價花費了幾百萬美元。在那之後，人類還沒有機會再次登上月球。

地面探測和月面探測相繼失敗，同行對韋伯喪失了信心，他的學術聲譽一落千丈。沒有人知道，這個時候的韋伯會不會想起自己在「列克星敦號」航母上目睹爆炸和沉沒的那一天。

晚年的韋伯沒有停止重力波探測的實驗，他幾乎工作到了生命的最後一刻。一九九七年，他確診淋巴癌，開始接受治療。二〇〇〇年一月，八十一歲的韋伯在實驗室做常規檢查。當天晚上，韋伯離開大樓的時候，停車場上覆蓋著冰雪，他不小心滑倒，摔傷了腳踝。從二戰的軍艦上死裡逃生的壯漢被一片積雪擊倒了。此時正值深夜，周圍沒有人。他拖著受傷的腿，在滿是冰雪的路面上爬行了一百多公尺。一名員警在巡邏時發現了他，把他送到了醫院。曾經的壯漢已經老邁，生命所剩不多。

二〇〇〇年九月三十日，猶太新年，韋伯病逝。

地面和月球的探測器都沒能探測到重力波。韋伯沒有成為首個找到重力波直接證據的人。後來的雷射干涉重力波天文臺在韋伯去世十五年後發現重力波，三名負責人獲得諾貝爾物理學獎，韋伯第二次錯失了這個獎項。

韋伯終其一生，沒能實現令同行信服的重力波探測結果。科學的規則是，個人的喜好和主張不能作為科學進步的判斷標準，但科學又必須依賴個人的努力工作。解決這一矛盾的辦法是同行評議和重複實驗。任何學者的主張都必須經過同領域其他學者的審查，才能被正式確認。任何實驗的結果都必須經過其他獨立實驗的重複，才能得到正式承認。人文學科所說的孤證不立，也是這個意思。

但是，索恩、魏斯和巴利許發現重力波的時候，還是會想到韋伯。他們向韋伯致敬，不僅是因為他們在韋伯失敗之後取得了成功，而且是因為，韋伯的失敗中蘊含著一系列正確的啟發。是韋伯首先從工程技術的角度實踐了重力波探測的任務，第一次將物理學家的紙上談兵變成實打實的觀測實驗，建造了世界上第一個重力波探測器。是韋伯首先考慮到重力波造成共振的效應，將探測重力波的物理學問題轉化為精細測量長度的技術問題，讓探測方法有了方向。也是韋伯首先考慮到探測器需要擺脫周圍環境的干擾，用細線懸掛探測器，後來成功發現重力波的雷射干涉重力波天文臺用了同樣的辦法來懸掛反光鏡。還是韋伯作為雷射技術的先驅，啟發了後來人用雷射干涉技術製造新一代重力波探測器。更是韋伯，在重力波領域走入低谷的時候，堅持把實驗進行到底，喚起科學家重新重視這個領域。

與韋伯合作過的惠勒說，韋伯是真正的探險家，是與哥倫布類似的人物。韋伯去世後，其遺孀特林布林賣掉了他們的房子，把錢捐給美國天文學會，設立「約瑟夫・韋伯天文儀器獎」。這一獎項每年頒發一次，獎勵在天文儀器上開拓進取的學者。

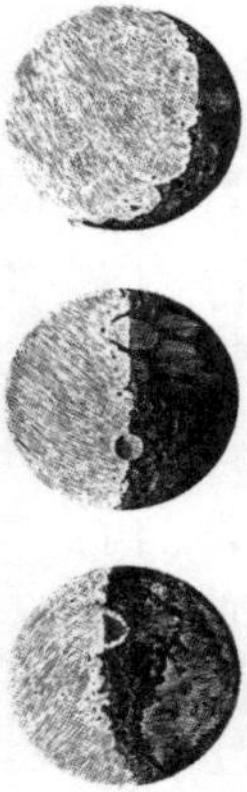

20

第一顆太陽系外行星

安德魯・萊恩　Andrew Lyne
英國天文學家
1942——

「所以，這顆行星煙消雲散了，我們極度尷尬，我很抱歉。」

臺上的安德魯・萊恩五十歲了，他剛剛用這句話結束了自己的發言。話音一落，臺下的聽眾紛紛起立，熱烈鼓掌。掌聲淹沒了會議室，也淹沒了萊恩的尷尬。這是天文史上第一次有天文學家在世界級的學術大會上承認自己的錯誤。萊恩誠懇發言，指出自己前一年七月的論文中有嚴重缺陷，勇敢地面對眾多同行做出檢討。聽眾用掌聲做出了回答。

但掌聲沒有持續太久，就被另一個聲音打斷了。

「我們發現了！」

聽眾席上的亞歷山大・沃爾茲森（Aleksander Wolszczan）大聲說：「我們發現了另一顆圍繞脈衝星轉動的行星，我們確定發現了，我們已經反覆檢查過了。」

這不是電影劇情，而是真實發生在美國佐治亞州亞特蘭大馬奎斯萬豪酒店裡的事。一九九一年一月十五日，美國天文學會在這裡舉辦的學術年會已經進行到第三天。安德魯・萊恩和亞歷山大・沃爾茲森都沒有出現在事先準備好的口頭報告目錄裡。但萊恩必須借此機會公開發言，承認自己的錯誤。受萊恩認錯的激勵，沃爾茲森認為這是發布自己團隊的新成果的好機會，所以也立即發言。

脈衝星，是宇宙中非常特殊的一類天體。它的本質是一顆大質量的恆星死亡後形成的中子星。恆星不再靠核融合發光之後，外層物質被吹散，恆星核心向內部跌落下去。但因為本身的質量太大，形成的白矮星還不足以抵抗向內落的力量，所以原子核被進一步擠破，電子與原子核內的質子結合在一起，正負電荷湮滅抵消，變成中子，整個天體徹底變成一顆完全由中子組成的球。這樣的天體的質量可能比太陽還大，但因為原子之間的空間和原子內部的空間都被擠壓掉了，所以其體積和地球差不多，甚至更小。把比太陽質量還大的物質塞進比地球還小的空間內，可想而知中子星的密度有多大。脈衝星是高速自轉的中子星。在自轉的同時，有可見光之外的輻射發射出來，比如無線電或者X射線。劍橋大學的研究生喬瑟琳・貝爾・伯奈爾最早利用無線電望遠鏡發現了脈衝星。當時，還沒有人理解這樣的天體是什麼東西，為什麼可以精確地發射週期性的無線電信號，所以懷疑這是外星人向地球發來的文明信號。因此，人類發現的第一顆脈衝星被命名為「小綠人一號」。

隨著對脈衝星的深入觀測和理解，天文學家早已知道那上面沒有小綠人，我們觀測到有規律閃爍的無線電信號也不是外星人的電報，而是因為中子星快速轉動，每轉動一圈就會像燈塔掃過海面一樣掃過我們一次。我們觀測到的閃爍的週期其實就是脈衝星的轉動週期。

英國在二戰期間的大量雷達天線技術，被遷移為天文學上的無線電波段觀測技術。英國很快成為二十世紀下半葉以來脈衝星研究的重要力量。一九六一到一九六四年，萊恩在劍橋大學聖約翰學院讀書，這正是天文學家接連利用無線電波段取得一系列突破的時期。一九六四年，萊恩以二等榮譽學位畢業於劍橋大學自然科學系。卓瑞爾河岸天文臺是英國最大的無線電天文研究中心，隸屬於曼徹斯特大學。一九六五年，萊恩來到曼徹斯特大學讀研究生。一九七〇年，他從曼徹斯特大學畢業，獲得射電天文學博士學位。他的博士論文題目是《月球掩星和脈衝星的干涉測量》。攻讀博士期間，他在《自然》期刊上發表了六篇論文。[1]

畢業後，萊恩一直在曼徹斯特大學和卓瑞爾河岸天文臺工作。[2] 一九七九年，他利用天文臺的天線首次測定了脈衝星的距離。一九九〇年，他為這一領域編寫的教材《脈衝星天文學》在劍橋大學出版社出版。經過幾十年在脈衝星和射電天文領域的鑽研，萊恩被同行譽為「在脈衝星上寫書的人」。[3]

一九九一年，他與合作者馬修・貝爾斯發現了一顆新的脈衝星，並根據脈衝星所在的位置座標將其命名為PSR1829-10。這顆脈衝星的信號不像過去常見的脈衝星那麼穩定，信號到達的時間忽快忽慢，有節奏地變化。萊恩立即意識到，這顆脈衝星是受到附近別的天體的影響。更具體地說，脈衝星可能正在和其他看不見的東西相互繞轉。經過計算，萊恩發現繞轉的時間週期非常像地球圍繞太陽的時間週期。因此，這顆脈衝星附近可能存在一顆行星。行星本身不會發光，所以我們無法探測到行星本身，但根據脈衝星的運動變化間接發現了行星。這是人類第一次在太陽系之外發現行星，絕對是破天荒的科學突破。如果太陽系之外別的恆星附近也存在行星，就意味著太陽系的行星並非特例，宇宙中可能普遍存在行星。如果行星普遍存在，有沒有可能找到環境適宜生命存在的行星？如果能找到宜居的行星，有沒有可能找到地球之外的生命形式？

人類發現的第一顆脈衝星不是小綠人，但三十年後，萊恩發現的脈衝星PSR1829-10可能真的擁有像地球這樣的新世界，而重新開啟尋找小綠人的時代。

萊恩立即撰寫文章，將其發表在一九九一年七月的《自然》期刊上。[4]

破天荒的科學發現，需要更堅實的證據。操之過急的宣布，往往帶來尷尬的處境。有同行指出，萊恩發現的行星似乎不太對勁。萊恩趕快檢查原始資料，重新分析後發現，自己犯了一個愚蠢的錯誤。

在望遠鏡觀測脈衝星的同時，望遠鏡並沒有在宇宙中固定不動，而是跟著地球一起圍繞太陽運動，運動的速度大約是每秒三十公里。因此，天文觀測到的遙遠目標的速度並不是真實的速度，而是受到地球自己運動影響後的疊加速度。受過專業訓練的天文系學生都知道，最終的結果必須扣除地球自身的運動。而萊恩因為急著發表結果，忘了地球自己也在動。所以，他觀測到的脈衝星信號的時間變化，並非脈衝星自身的現象，而是因為地球圍繞太陽旋轉，所以脈衝星到地球的距離忽遠忽近。

這樣的錯誤，稍稍認真一些就可以避免，萊恩卻沒有注意到。但錯誤就是錯誤，無論我們多麼渴望發現太陽系外行星，也不能對錯誤視而不見。但承認如此低級的錯誤，又確實不太容易。萊恩在《自然》上的文章發表半年之後，美國第一百七十九屆天文學年會召開。萊恩參加了這次會議，他鼓足勇氣，登上講臺，像同行承認了自己的錯誤。第二天，他糾正錯誤的詳細文章被重新發表在《自然》期刊上。文章的標題就叫作《PSR1829-10沒有行星》。[5]

就在他勇敢地承認錯誤並收穫了掌聲之後，比他年輕四歲的波蘭天文學家沃爾茲森接過話來表示，自己的團隊發現了另一顆圍繞脈衝星轉動的行星。沃爾茲森早就發現了這顆行星，但他知道這麼重大的發現一旦出錯，會非常尷尬。所以他一直在反覆檢查自己的觀測資料和分析過程，希望做到萬無一失。就在這個時候，他讀到了萊恩一九九一年七月發表在《自然》期刊上的文章，才堅定了自己的信念，相信發現太陽系外行星不是稀罕事。正好，沃爾茲森準備在這次會議上公開自己的成果，宣布自己發現了第二顆太陽系外行星。沒想到，萊恩搶先一步推翻了第一顆行星的結果，沃爾茲森的第二名竟然變成了第一名。

沃爾茲森用美國阿雷西博射電望遠鏡發現脈衝星PSR1257+12，以及確認了脈衝星附近圍繞著行星，不是一顆，而是兩顆。這兩顆行星的質量分別是三點四倍和二點八倍地球質量，到中心脈衝星的距離分別是零點三六和零點四七天文單位，相當於在水星軌道和金星軌道之間圍繞脈衝星運動，轉動一圈的時間分別為六十六天和九十八天。二〇〇三年，沃爾茲森用更新的觀測技術，發現兩顆行星圍繞脈衝星的軌道傾角，所以修正後的質量分別是四點三和三點九倍地球質量。兩年以後，他發現這顆脈衝星附近還存在第三顆行星，行星質量只有地球的百分之二，更靠近脈衝星。[6] 又過了一年，米歇爾・梅爾（Michel G. E. Mayor）等人在正常恆星飛馬座 51 附近發現了行星。[7] 從此，天文學家發現了越來越多太陽系外行星。截至二〇二三年年初，已經確認發現的太陽系外行星有五千三百二十二顆，另有六千多顆新發現的候選體正在等待進一步確認。[8]

太陽系外行星確實是普遍現象，行星不是太陽系的特例，而是遍布整個宇宙，在任何類型的恆星附近都有可能存在。在類似太陽的穩定恆星附近，存在著類似地球大小的、溫度適宜的宜居行星。探索太陽系外宜居行星和尋找地外文明的蛛絲馬跡，已經成為當代天文學的熱門課題。

萊恩是當今還活躍著的射電天文學家中的權威。他的錯誤，是大部分天文學家都可以避免的一個錯誤，但他的公開認錯卻是大部分學者難以做到的壯舉。因為在射電天文學領域的貢獻，他於一九九六年入選皇家學會。二〇〇一到二〇〇七年，他受聘為曼徹斯特大學蘭沃斯講席教授，以及卓瑞爾河岸天文臺第四任臺長。

小綠人一號被證明是子虛烏有，但幾十年後，脈衝星附近重新發現行星，讓探索新一代小綠人的工作成為重點專案。萊恩的脈衝星附近的行星突然「蒸發」，但同時，沃爾茲森在另一顆脈衝星旁邊發現了三顆行星。

一次錯誤，並不意味著整個學科領域都失去意義；一次失敗，並不會使科學停止探索的腳步。科學不會厭惡失敗與錯誤，恰恰相反，科學對錯誤喜聞樂見。提出猜測、驗證、發現錯誤、承認錯誤、再提出新的猜測……與錯誤為伴，才是科學的正確思路。尤其是像天文學這樣資訊有限、難以重複實驗和探索時空過大的學科，錯誤本就是天文學研究的日常。與其說天文學的進展是拔除錯誤的野草，收穫正確的果實，倒不如說，天文學的魅力就是收集錯誤的磚瓦，再為它們賦予金光燦燦的意義。

晚年的萊恩沒有被尷尬的錯誤壓得喘不過氣，也沒有躺在講席教授和皇家學會的頭銜上無所事事。他始終活躍在射電天文學觀測和脈衝星研究領域。二〇〇三年，他和團隊成員利用位於澳大利亞帕克斯天文臺的射電望遠鏡發現了新的脈衝星，將其命名為 PSR J0737-3039。這顆脈衝星就像當年他鬧了烏龍的那顆一樣，脈衝信號也存在著有規律的變化。這一次，他沒有再犯當年的錯誤，仔細檢查資料和分析過程之後確認，PSR J0737-3039 附近沒有行星，但有另一顆脈衝星。PSR J0737-3039 是人類首次發現雙脈衝星。兩顆成員星 PSR J0737-3039A 和 PSR J0737-3039B 都是脈衝星。兩顆脈衝星分別以二十二毫秒和二點七秒的週期自轉，同時以二點五小時的週期相互繞轉。兩顆星的質量分別是太陽的一點三四倍和一點二五倍。

由於兩顆星非常靠近且快速繞轉，它們之間輻射強大的重力波，使得兩顆星的距離持續減小，繞轉的週期越來越快。這個現象證明了愛因斯坦的廣義相對論和重力波理論。

二〇〇七年，萊恩退休，但一直在卓瑞爾河岸天文臺的脈衝星小組中參與學術討論。二〇二二年，八十歲的他修訂了「寫在脈衝星上的教科書」，《脈衝星天文學》第五版出版。

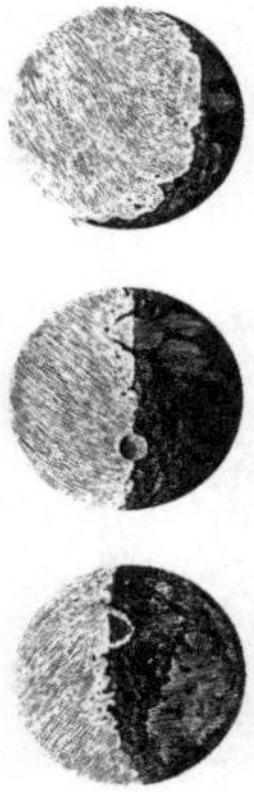

21
保衛冥王星

艾倫・斯特恩　Alan Stern
美國天文學家、工程師
1957——

一九三〇年，羅威爾天文臺的湯博發現冥王星的時候，天文學界毫不猶豫地把它列入太陽系的大行星行列。在海王星之後，冥王星成為第九大行星。從此之後，「九大行星」的概念被寫入了所有國家的科學教科書。

但是，隨著最近幾十年來對冥王星的研究逐漸深入，天文學家越瞭解冥王星，就越發現這顆大行星的地位不太穩固。一九七八年，詹姆斯・克利斯蒂發現了冥王星的衛星，根據衛星和冥王星之間的重力關係，計算出冥王星的質量還不到地球的百分之一。這麼小的行星真的能和其他八顆大行星一樣，被稱為同樣類型的天體嗎？從二十世紀八〇年代開始，有關冥王星地位的爭論就一直存在。但至少，冥王星遠在太陽系邊緣。在冥王星附近，還不存在同等級別的其他天體。和其他八大行星相比，冥王星確實不大，但算得上是自己軌道上的獨角獸。

就在爭端持續醞釀的時候，麻煩越來越多。從二〇〇〇年開始，天文學家開始在冥王星軌道附近頻繁發現新天體。接連十幾顆新行星的出現進一步動搖了冥王星的地位。捍衛冥王星地位的一派認為，這些新天體都太小了，直徑不足一千公里，不能和直徑兩千三百多公里的冥王星相提並論。

直到二〇〇五年，就連這一點捍衛冥王星地位的希望也被打破了。天文學家在冥王星軌道附近發現了另一個天體，它的尺寸和冥王星幾乎一樣，質量比冥王星還大一些。如果冥王星算得上大行星，那這個新天體也有資格算第十大行星。如果按照現代的眼光，新發現的天體分量不夠，那冥王星也同樣沒有資格。由於這個新發現的天體引起了關於太陽系成員定義和冥王星屬性的波瀾，所以天文學家給這個新天體起名叫「厄莉絲」，意思是希臘神話中的不和女神。北京天文館在全國的天文愛好者中徵集厄莉絲的中文翻譯名稱，最終選定了天文愛好者陳海濤先生的提議，用「兄弟鬩牆」的「鬩」字，表達風波和混亂的含義。厄莉絲的中文名被定為「鬩神星」。

在歷史上，人類沒有頻繁地發現過行星。從人類的原始時代開始，水星、金星、火星、木星和土星就已經被熟知為行星。從文藝復興時期的科學革命開始，地球加入了行星的家族。十八世紀，赫歇耳發現了天王星。十九世紀，勒維耶發現了海王星。二十世紀，湯博才發現冥王星。大行星的發現速度遠遠比不上人類認知提升的速度。所以，天文學家從來都不需要從科學的角度研究行星如何定義。但是，現在情況不同了，新的發現越來越多，它們都算行星嗎？

二〇〇六年八月，國際天文學聯合會在捷克首都布拉格召開大會，大會的一項議題就是討論確定新的行星定義。早在國際天文學聯合會大會召開之前，就有兩個工作委員會在起草新的行星定義。第一個委員會由英國天文學家伊萬・威廉斯（Iwan Williams）領導，提出了行星定義的三個範疇。在文化範疇下，人們覺得誰是行星，誰就是行星；在結構範疇下，行星包含足夠多的物質和質量，形成足夠大的重力，可以形成球形；在動力學的範疇下，行星有足夠大的重力讓其獨占自己的軌道。同時，哈佛大學天文史教授歐文・金格里奇（Owen Gingerich）領導的另一個委員會也在起草另外的方案。[1]

二〇〇六年八月二十四日，國際天文學聯合會大會的最後一天，會堂內劍拔弩張；會堂大門緊閉，閒人勿進；會堂外，記者等候多時，已經準備好了正反兩方結果的新聞稿，都想搶在第一時間發個頭條。有太多天文學家想上臺分享自己對行星定義和冥王星地位的看法，所以大會主席喬斯琳・貝爾臨時宣布，請希望發言的學者在話筒後方排隊，每個人的發言時間不能超過電梯上升一層樓的時間。經過激烈的討論和最終的舉手表決，喬斯琳・貝爾宣布，由金格里奇領導的委員會修改的關於行星定義的決議獲得通過。新的行星定義包含三個內容：

一、行星必須圍繞太陽運動。這一條排除了衛星。

二、行星必須足夠大，使自己成為球形。這一條排除了所有小行星。

三、行星必須獨占自己所在的軌道。這一條排除了冥王星。

按照世界天文學家的決議，天文學設立了一個新的類別，叫矮行星，專門用於安放符合前兩條但不符合第三條定義的天體。冥王星成為一顆矮行星。被列入矮行星類別的天體還有人類發現的第一顆小行星——穀神星。它的形狀是標準的球形，比其他不規則形狀的小行星級別更高。

新定義經表決通過，在天文學領域獲得了法定地位，冥王星被永久地除出了大行星的行列。但是，並非所有天文學家都認同這項決議。反對聲最大的是艾倫・斯特恩。

斯特恩生於一九五七年，十八歲從德克薩斯州聖馬可學校畢業後，進入德克薩斯大學奧斯丁分校。三年後，他獲得物理學和天文學學士學位；一九八一年，他獲得航太工程和行星科學碩士學位。同年，他來到科羅拉多大學，攻讀博士學位。[2]

一九八九年，斯特恩獲得了天體物理學和行星科學博士學位後，在美國國家航空航天局負責行星科學的天體物理學研究項目。從此之後，他專注於太陽系天體的科學探索工作，冥王星也是他的一大興趣。當年夏天，他在加州理工學院的噴氣推進實驗室裡見證了「航海家」探測器飛躍海王星的瞬間。這一幕深深地打動了他。二十六年後，他將率領自己的團隊見證新的瞬間。

二〇〇一年，美國國家航空航天局開始實施新的深空探測項目，並將其命名為「新視野號」。「新視野號」的科學目標是，從地球發射探測器，探測器用將近十年的時間飛往冥王星，近距離探索冥王星。艾倫・斯特恩被美國國家航空航天局任命為「新視野號」項目的首席科學家。從此，他與冥王星緊密聯繫在一起。

從研發到成功發射「新視野號」，斯特恩用了五年。這是人類製造飛往最遙遠天體的探測器的五年，也是對冥王星地位爭議最大的五年。但他排除了所有關於冥王星地位的爭論，把全部的科學熱情投入「新視野號」的專案上。

二〇〇六年一月十九日，在美國佛羅里達州沿海的卡納維拉爾角空軍基地，擎天神五號運載火箭加掛星型 48B 第三級推進器，將接近半噸重的「新視野號」送入太空，「新視野號」上裝載著湯博的部分骨灰。[3]

就在探測器發射半年之後，國際天文學聯合會通過決議，將冥王星降級。探索太陽系最遠的大行星的探測器正走在路上，它的目標卻因人為的議論而變成了一顆矮行星。布拉格會堂裡爭吵的一切都和「新視野號」無關，卻和斯特恩有關。冥王星被降級，從九大行星中最獨特的一個，變成了大量矮行星中最普通的一個，科學意義迅速貶值，社會關注度也會慢慢降低。斯特恩面對的問題是，政府和公眾是否願意用納稅人的錢繼續支持他的「新視野號」計畫？科學成果是否還能被同行看重？

斯特恩反對開除冥王星的決議，他說：「國際天文學聯合會的決議是一個可怕的行星定義，這是馬虎的科學，它永遠也不會通過同行的審查。按照定義的第三個內容，地球軌道上也有月亮的存在，火星軌道上也有兩顆小衛星的存在，而木星軌道上有更多的小行星存在，為什麼它們都算大行星？如果海王星真的獨占自己的軌道，冥王星就不存在了。」他以「新視野號」首席科學家的身分發表聲明：「『新視野號』項目將不承認國際天文學聯合會二〇〇六年八月二十四日通過的行星最新定義的決議。」[4]他認為，行星的定義和分類，絕對不是單純的科學邏輯問題，而是牽扯歷史上的人類文化和習俗。國際天文學聯合會不應該越俎代庖，濫用會議表決的機制，改變人類對既有事物的通俗認知。他相信，行星一經發現，就不僅是天文學研究的物件，而且是地質學家從地質結構的角度深入關心的領域。而行星的形狀、化學成分、形成過程和地質變化等問題，也都是地質學家才能回答的科學問題。就算要制定行星定義，有資格表決的群體也不應該是天文學家，而應該是地質學家和從事行星科學研究的部分天文學家。讓研究銀河系的學者來決定冥王星的分類，實在不合適。

所以，斯特恩在國際天文學聯合會的決議之外，也提出了自己對行星的定義。他提出，行星所在的位置不重要。在太陽系演化的過程中，一顆行星會從原來的位置遷移到現在的位置，我們不能用位置作為行星地位的判斷依據。比位置更重要的是行星本身的性質。國際天文學聯合會擔心的是冥王星和類似的天體越來越多，將來要被列入行星名單的成員就越來越多。在斯特恩看來，這非常正常，人們也完全有能力適應這個現實。如果新發現的上千個類似冥王星的天體比地球小得多，只能證明地球屬於特例。

但是，國際天文學聯合會沒有撤銷決議的打算，也沒有回應斯特恩的挑戰。斯特恩自己也承認，關於行星定義的爭論還會持續下去，這是一個無止境的問題。面對新科技的迅速發展，科學突破的速度終於大大超越了人類認知習慣更新的速度，而整個天文學界和人類社會正在學習如何適應新的發現。人類還沒有取得最終的共識。

就在國際天文學聯合會通過行星最終定義的那個夏天，斯特恩把女兒送進了大學。他對女兒說：「隨著你的成長，你會越來越意識到，生活並不是黑與白，而是無盡的灰色；生活是複雜的，而且無法回避的事實是，你只能克服現實世界的不規則，並繼續前行。」

在關於冥王星的一片嘈雜爭論中，「新視野號」正在前行。

離開地球時，它的速度是每秒四十五公里，成為有史以來人類製造的運動速度最快的物體。「新視野號」以這樣的速度繼續飛行，九年半之後，它接近了冥王星。二〇一五年七月十四日，它在一萬多公里的距離飛越冥王星。[5]

「新視野號」的速度太快，靠近冥王星的時候，速度接近每秒十五公里。這麼快的速度不可能停下來，更不可能掉頭，也很難被冥王星的重力捕獲。它的宿命就是飛向更遠的遠方，只能與冥王星擦肩而過。就在和冥王星距離最近的半個小時裡，它打開全部的探測器，瘋狂地收集有關冥王星的各種資訊，之後便飛向遠方，無法回頭。五年的製造，九年半的飛行，只為了這三十分鐘的靠近。「新視野號」近距離拍攝冥王星的資料被發回地球後，成為當年最浪漫的網路話題。隨著資料被一起發回地球的還有一張高清晰度的冥王星特寫照片。一處愛心形狀的地貌在冥王星上清晰可見。為了紀念冥王星的發現者，這個愛心形狀的地貌被命名為「湯博區」。

在此之前，冥王星只是望遠鏡裡一個模模糊糊的小光斑，缺少任何細節。

而在此之後，冥王星是眼前的新世界，地表結構、岩石組成、內部活動……，都因「新視野號」和斯特恩的工作而擺在我們面前。

斯特恩取得了「新視野號」探測冥王星的成功。但是，十幾年過去了，教科書上關於太陽系行星的定義已經被重新書寫，國際天文學聯合會的定義已經成為主流理念，斯特恩的堅持沒能得到公眾的廣泛支持。他預想的大量爭論似乎漸漸偃旗息鼓了。無論是大眾還是天文學家，大部分人似乎並不希望整天思考一個遙遠天體的分類哲學，而是在圍觀熱鬧的事件之後，希望儘快獲得方便的、冷靜的、約定俗成的概念，讓自己與身邊的人交流時可以求取公約數，這就夠了。

我們拖著疲憊的身軀和容易發熱的大腦，亦步亦趨。曾經，人類的這顆大腦走在探索腳步的前方。但近年來，我們的思維習慣遠遠落後於科技尖端的新知識。斯特恩告訴我們，這一切很正常，只能擁抱灰色，然後奮力追趕。

二〇一六年，「新視野號」完成了對冥王星的探索後，繼續飛往更遙遠的新目標，希望在未來十年探索其他更多的小天體。「新視野號」沒有停下，人類的探索也不會止步。

參考文獻

1 從簡單到複雜

〔1〕歐文・金格里奇。無人讀過的書。王今、徐國強譯。北京：生活・讀書・新知三聯書店，2017。

〔2〕Essentials of Astronomy, Lloyd Motz, Columbia University Press, 1977, 2rd version.

〔3〕A Modern Almagest: An Updated Version of Ptolemy's Model of the Solar System, Edward L. Fitzpatrick, 2010, https://farside.ph.utexas.edu/books/Syntaxis/Almagest/index.html.

2 錯誤解釋海水的潮汐

〔1〕伽利略。星際信使。範海頓編，孫正凡譯。上海：上海人民出版社，2020。
〔2〕伽利略。關於托勒密和哥白尼兩大世界體系的對話。周熙良譯。北京：北京大學出版社，2006。
〔3〕但丁・阿利格耶里。神曲。黃國彬譯注。海口：海南出版社，2021。
〔4〕田中一郎。四百年後的真相。丁丁蟲譯。北京：新星出版社，2022。

3 測量光速的學術小組

〔1〕「The accademia del Cimento and its European context」, Marco Beretta, Antonio Clericuzio and Lawrence M. Principe, Science History Publications, 2009.

〔2〕「Galileo, measurement of the velocity of light, and the reaction times」, Renato Foschi and Matteo Leone, Perception, 2009, 38, 1251-1259.

〔3〕「At the source of Western science: the organization of experimentalism at the Accademia del Cimento (1657-1667)」, Marco Beretta, Notes Rec. R. Soc. Lond., 2000, 52 (2), 131-151.

4 觀測金星凌日九死一生

〔1〕「Out of old books (Le Gentil and the transits of Venus, 1761 and 1769)」, Helen Sawyer Hogg, Journal of the Royal Astronomical Society of Canada, 1951, 45, 37.

〔2〕「Out of old books (Le Gentil and the transits of Venus, 1761 and 1769 continued)」, Helen Sawyer Hogg, Journal of the Royal Astronomical Society of Canada, 1951, 45, 89.

〔3〕「Out of old books (Le Gentil and the transits of Venus, 1761 and 1769 continued, with Plate V)」, Helen Sawyer Hogg, Journal of the Royal Astronomical Society of Canada, 1951, 45, 127.

〔4〕「Out of old books (Le Gentil and the transits of Venus, 1761 and 1769 concluded)」, Helen Sawyer Hogg, Journal of the Royal Astronomical Society of Canada, 1951, 45, 173.

5 測量經度的競賽

〔1〕The 1707 Isles of Scilly Disaster–Part 1, Royal Museums Greenwich, 2014, https://www.rmg.co.uk/stories/blog/1707-isles-scilly-disaster-part-1.

〔2〕「The last voyage of Sir Clowdisley Shovel」, W.E. May, Journal of Navigation XIII, 1960, 13, 3.

〔3〕索貝爾。經度：一個孤獨的天才解決他所處時代最大難題的真實故事。

肖明波譯。上海：上海人民出版社，2007。

〔4〕The Annual RPI and Average Earnings for Britain, 1209 to Present (New Series), Gregory Clark, MeasuringWorth, 2022.

〔5〕經度委員會成員名單。皇家格林威治天文臺。http://www.royalobservatorygreenwich.org/articles.php?article=1304。

6 用數星星的方式測量宇宙

〔1〕「Philomaths, Herschel, and the myth of the self-taught man」, E. Winterburn, Notes and Records, 2014, 68, 3.

〔2〕Uranus: The Planet, Rings and Satellites, Ellis D. Miner, John Wiley and Sons, Inc., 1998.

〔3〕「On the construction of the heavens」, William Herschel, Philosophical Transactions of the Royal Society of London, 1785, 75.

〔4〕「Preliminary results on the distances, dimensions and space distribution of open star clusters」, R. J. Trumpler, Lick Observatory Bulletin, 1930, 14, 420.

〔5〕Night Vision: Exploring the Infrared Universe, Michael Rowan-Robinson, Cambridge University Press, 2013.

7 精彩的C選項

〔1〕劉笑嘉。到蒙帕納斯公墓尋訪薩特。環球網，2023。

〔2〕湯瑪斯 ・ 利文森。追捕祝融星。高爽譯。北京：民主與建設出版社，2019。

〔3〕吳國盛。時間的觀念。北京：商務印書館，2019。

〔4〕「Leverrier’s letter to Galle and the discovery of Neptune」, T. J. J. See, Popular Astronomy, 1910, 18, 475.

8 弄丟了一顆小行星

〔1〕Bilancio demografico anno 2017 Regione: Sicilia, demo.istat.it, 2017.

〔2〕On the history of the Palermo Astronomical Observatory, Giorgia Foderà Serio, http://cerere.astropa.unipa.it/versione_inglese/Hystory/On_the_history.html.

〔3〕「Giuseppe Piazzi and the discovery of Ceres」, G. Foderà Serio, A. Manara and P. Sicoli, Asteroid III, W. F. Bottke Jr., A. Cellino, P. Paolicchi, R. P. Binzel (eds.), https://www.lpi.usra.edu/books/AsteroidsIII/, University of Arizona Press, 2001.

〔4〕The History of the Observatory, G. Foderà and I. Chinnici, http://www.astropa.inaf.it/la-storia-dell-osservatorio/.

〔5〕「The Titius-Bode law and the discovery of Ceres」, Helen Sawyer Hogg, Journal of the Royal Astronomical Society of Canada, 1948, 242.

〔6〕「Bode’s law and the discovery of Ceres」, Michael Hoskin, Observatorio Astronomico di Palermo「Giuseppe S. Vaiana」, 2007.

〔7〕La fondazione della Specola e Giuseppe Piazzi, http://www.astropa.inaf.it/ la-storia-dell-osservatorio/la-fondazione-della-specola-e-giuseppe-piazzi/.

〔8〕柏拉圖。理想國。董智慧譯。北京：民主與建設出版社，2018。

9 夜空為什麼是黑的？

〔1〕Olbers memorial, The State Office for the Preservation of Monuments in Bremen, https://www.denkmalpflege.bremen.de/wallanlagen/olbers-denkmal-51796.

〔2〕「Wondering in the dark」, Sky & Telescope Magazine, December 2001, 44-50.

〔3〕牛頓。光學。周嶽明譯。北京：北京大學出版社，2007。

〔4〕愛德格・愛倫・坡。我發現了。曹明倫譯。長沙：湖南文藝出版社，2019。

10 地球為何如此年輕？

〔1〕The Annals of the World, James Ussher, Master Books, 2007.
〔2〕James Thomson, J. J. O'Connor and E. F. Robertson, https://mathshistory.st-andrews.ac.uk/Biographies/Thomson_James/, 2015.
〔3〕William Thomson (Lord Kelvin), J. J. O'Connor and E. F. Robertson, https://mathshistory.st-andrews.ac.uk/Biographies/Thomson/, 2003.
〔4〕Lord Kelvin and the Age of the Earth, Joe D. Burchfield, University of Chicago Press, 1990.
〔5〕The Age of the Earth, G. Brent Dalrymple, Standford University Press, 1991.
〔6〕Rutherford: Being the Life and Letters of the Rt. Hon. Lord Rutherford, O.M.,

Arthur Stewart Eve, Cambridge University Press, 1939.
〔7〕陳關榮。開爾文，一個說自己失敗的成功科學家。香港城市大學個人主頁，https://www.ee.cityu.edu.hk/~gchen/pdf/Kelvin.pdf。

11 三體問題沒有解

〔1〕「The solution of the n-body problem」, F. Diacu, The Mathematical Intelligencer, 1996, 18, 3.
〔2〕倪憶。《三體》故事，源於一個價值千金的錯誤。普林小虎隊公眾號，2021。

12 尋找火星人的富商

〔1〕Facts of Flagstaff, https://www.flagstaffarizona.org/media/fast-facts/.
〔2〕「Mars and Utopia」, Robert Crossley, Imagining Mars: A Literary History,

Wesleyan University Press, 2011.

〔3〕Is Mars Habitable? Alfred Wallace, The Alfred Russel Wallace Page, Western Kentucky University.

〔4〕「Astronomy on Mars Hill」, R. McKim, Journal of the British Astronomical Society, 1995, 105.

〔5〕Research at Lowell, https://lowell.edu/discover/our-research/.

13 火山還是隕石坑？

〔1〕「Biographical memoir: Grove Karl Gilbert 1843-1918」, William M. Davis, Memoirs of the National Academy of Sciences, 1927, 21.

〔2〕「The moon's face: a study of the origin of its features」, G. K. Gilbert, Bulletin of the Philosophical Society of Washington, 1895, 12.

〔3〕「Coon mountain and its crater」, D.M. Barringer, Proceedings of the

Academy of Natural Sciences of Philadelphia, 1906, 57.
〔4〕隕石坑公司主頁，https://barringercrater.com/the-crater。

14 銀河系的尺度

〔1〕「Biographical Memoir of Heber Doust Curtis」, Robert Aitken, National Academy of Sciences of the United States of America Biographical Memoirs, 1942.
〔2〕「Harlow Shapely 1885-1972: a biographical memoi」, Bart J. Bok, National Academy of Sciences, 1978.
〔3〕「Obituary of Harlow Shapley」, Z. Kopal, Nature, 1972, 240.
〔4〕「The scale of the universe」, H. D. Curtis, Bull. Nat. Res. Coun., 1921, 2, 171.
〔5〕「The scale of the universe」, H. Shapley, Bull. Nat. Res. Coun., 1921, 2, 194.

15 拒絕承認恆星的宿命

〔1〕「Arthur Stanley Eddington, 1882-1944」, Henry Crozier Keating Plummer, Obit. Not. Fell. R. Soc, 1945, 5, 14.

〔2〕「On the radiative equilibrium of the stars, A. S. Eddington」, Monthly Notices of the Royal Astronomical Society, 1916, 77.

〔3〕盧昌海。上下百億年：太陽的故事。北京：清華大學出版社，2015。

〔4〕「Arthur Stanley Eddington, 1882-1944」, Henry Norris Russell, Astrophysical Journal, 1942, 101.

〔5〕卡邁什瓦爾・C. 瓦利。孤獨的科學之路：錢德拉塞卡傳。何妙福、傅承啟譯。上海：上海科技教育出版社，2006。

〔6〕Eddington: The Most Distinguished Astrophysicist of His Time, Subrahmanyan Chandrasekhar, Cambridge University Press, 1983.

16 LOMO 工廠的光學失敗

〔1〕「Lomos: new take on an old classic」, Blenford, Adam, BBC News, 2007.

〔2〕「World's largest astronomical telescope」, Cherkessk, 1978, https://pages.astronomy.ua.edu/keel/telescopes/bta.html.

〔3〕「Uncovering Soviet disasters: exploring the limits of glasnost」, James Oberg, Random House, 1988.

〔4〕「New Eye for Giant Russian Telescope」, Kelly Beatty, Sky and Telescope, 2012.

〔5〕「The EMCCD-based speckle interferometer of the BTA 6-m telescope: description and first results」, Maksimov A. F., Balega Y., Dyachenko V. V., Malogolovets E. V., Rastegaev D. A. & Semernikov E. A., Astrophysical Bulletin, 2009, 64, 3.

17 宇宙的餘暉

〔1〕「The answer to life, the universe and everything might be 73. Or 67」, Devlin, Hannah, The Guardian, 2018.

〔2〕「The origin of chemical elements」, R. A. Alpher, H. Bethe, G. Gamow, Physical Review, 1948, 73, 7.

〔3〕「Obituary: Robert Herman」, Ralph A. Alpher, Physics Today, 1997, 50, 8.

〔4〕「Evolution of the universe」, Ralph A. Alpher & Robert Herman, Nature, 1948, 162, 774.

〔5〕「Remarks on the evolution of the expanding universe」, Ralph A. Alpher & Robert Herman, Physical Review, 1949, 75, 7.

〔6〕「Cosmic black-body radiation」, R. H. Dicke, P. J. E. Peebles, P. G. Roll & D. T. Wilkinson, Astrophysical Journal, 1965, 142, 414.

〔7〕「A measurement of excess antenna temperature at 4080 Mc/s」, A. A.

Penzias & R. W. Wilson, Astrophysical Journal, 1965, 142, 419.
〔8〕「The last Big Bang man left standing」, J. D'Agnese, Discover, 1999, http:// discovermagazine.com/1999/jul/featbigbang.
〔9〕「Cosmology and Humanism」, Ralph A. Alpher, Humanism Today, 2011, 3.
〔10〕「Ralph Alpher, 86, expert in work on the Big Bang, dies」, John Noble Wilford, New York Times, 2007, https://www.nytimes.com/2007/08/18/us/18alpher.html.

18 非主流的宇宙模型

〔1〕Dead of Night, https://www.imdb.com/title/tt0037635/.
〔2〕「Steady-state universe, Hoyle, Bondi & Gold」, Fred Hoyle: An Online Exhibition, https://www.joh.cam.ac.uk/library/special_collections/hoyle/exhibition/bondi_and_gold.

〔3〕「Note on the origin of the solar system」, F. Hoyle, Monthly Notices of the Royal Astronomical Society, 1945, 105, 175.
〔4〕Diseases From Space, F. Hoyle & C. Wickramasinghe, J.M. Dent., 1979.
〔5〕「Fred Hoyle: the scientist whose rudeness cost him a Nobel prize」, Robin McKie, The Guardian, 2010.
〔6〕Home is Where the Wind Blows: Chapters from a Cosmologist's Life, F. Hoyle, University Science Books, 2015.
〔7〕「Synthesis of the elements in stars」, E. M. Burbidge, G. R. Burbidge, W. A. Fowler & F. Hoyle, Reviews of Modern Physics, 1957, 29, 547.
〔8〕「Remembering Big Bang basher Fred Hoyle」, John Horgan, Scientific American, 2020, https://blogs.scientificamerican.com/cross-check/remembering-big-bang-basher-fred-hoyle/.

19 誤報重力波

〔1〕「Observation of gravitational waves from a binary black hole merger」, LIGO Scientific Collaboration and Virgo Collaboration, Phys. Rev. Lett., 2016, 116.

〔2〕Joseph Weber (1919-2000), 2019, https://baas.aas.org/obituaries/joseph-weber-1919-2000/).

〔3〕「A fleeting detection of gravitational waves」, David Lindley, Physics, 2005, 16.

〔4〕「Early History of Gravitational Wave Astronomy: The Weber Bar Antenna Development」, Darrell J. Gretz, History of Physics Newsletter, 2018, 13.

20 第一顆太陽系外行星

〔1〕Interferometric Observations of Lunar Occulations and Pulsars, Andrew G. Lyne, University of Manchester, 1970.

〔2〕Bernard Lovell (1913-2012), F. G. Smith, R. Davies & A. Lyne, Nature, 2012, 488, 592.

〔3〕Pulsar Astronomy, Andrew Lyne, Francis Graham-Smith & Benjamin Stappers, Cambridge University Press, 2022.

〔4〕「A planet orbiting the neutron star PSR1829-10」, M. Bailes, A. G. Lyne & S. L.Shemar, Nature, 1991, 352, 311.

〔5〕「No planet orbiting PS R1829-10」, M. Bailes & A. G. Lyne, Nature, 1992, 355, 213.

〔6〕「A planetary system around the millisecond pulsar PSR1257+12」, A. Wolszczan & D.A. Frail, Nature, 1992, 355, 145.

〔7〕「A Jupiter-mass companion to a solar-type star」, M. Mayor & D. Queloz, Nature, 1995, 378, 355.

〔8〕NASA Exoplanet Archive, 2023, https://exoplanetarchive.ipac.caltech.edu/.

21 保衛冥王星

〔1〕尼爾・德格拉斯・泰森。冥王星沉浮記。鄭永春、劉晗譯。北京：外語教學與研究出版社，2019。

〔2〕Associate Administrator for the Science Mission Directorate S. Alan Stern, NASA, 2007, https://www.nasa.gov/about/highlights/stern_bio.html

〔3〕New Horizons Launches on Voyage to Pluto and Beyond, William Harwood, Space-Flight Now, 2006, https://spaceflightnow.com/atlas/av010/060119launch.html.

〔4〕Unabashedly Onward to the Ninth Planet, Alan Stern, 2006, http://pluto.jhuapl. edu/News-Center/PI-Perspectives.php?page=piPerspective_09_06_2006.

〔5〕New Horizons: Current Position, Johns Hopkins University Applied Physics Laboratory, 2018.

後記

好萊塢喜劇演員傑瑞．史菲德曾經說：「一本關於失敗的書沒能賣出去，證明這本書成功了嗎？」

我恰好寫了這本關於失敗的書。用今天流行的話來說，它是垂直細分領域裡天文學家失敗的書。我當然關心這本書能不能賣出去，但我更關心的是，在這本書的寫作過程中，我自己有了什麼樣的變化。

寫作這本書的過程一點也不平靜。我每寫完一章，就通知編輯一次，以至於她懷疑我在訊息對話視窗裡寫週報。後來編輯也習慣了，有一週我沒有彙報，她反而不適應了。我這麼做是因爲內心希望自己可以喘口氣，就好像打完一場硬仗之後的士兵渴望稍許休整，就算還不到論功行賞的時候，但在戰地吃一次豬肉燉粉條也行啊。

我也理解，編輯挺不容易。在選題還沒有著落的時候，編輯是哲學家，痛苦地生活在人類的莽莽歎息上。在聯繫到作者之後，編輯是職業鼓勵師，彷彿作者的每一個字都有可能幻化成「十萬+」。在作者創作的過程中，編輯宛如在鋼絲繩上行走的雜技演員，仔細拿捏催稿和安慰之間的微妙平衡。拿到初稿之後，編輯成了一位慈祥的老母親，要給這個由文字組成的「孩子」餵奶、洗澡，陪伴它學習。付印之後，編輯又成了經紀人，安排各種活動，見各種人。在整個過程中，編輯的角色多次轉換，心情七上八下，只是爲了做出一本像點樣的書，像樣之後最好還能讓大家都知道，大家都知道之後最好還能多買一些，買了之後最好還能去網路上寫個好評，好評多了之後最好還能把版權輸出海外……想多了，想多了。我也想讓大家都知道這本書，因爲這本書的寫作過程，讓我自己也受益良多。

在寫作這些故事的過程中，我一次又一次重新認識了一些早就知道名字的人物。哥白尼、伽利略、龐加萊……我從小聽著科普書裡的這些名字長大，又被大學教材裡的這些名字折磨，但我發現，我並沒有眞的認識他們。他們在最輝煌的時候，心裡放不下的目標是什麼？他們在徹底失敗的時候，又會想起什麼？他們對自己的失敗充滿遺憾嗎？他們會怎麼樣看待自己的一生？我從來沒有深入研究過這些問題，只是記住了用他們的名字命名的定理和公式。他們的角色只是爲我的知識提供可靠的素材，我認識的是一群沒有生命氣息的工具人。

作爲一本非虛構的科普書，我不能妄自揣度人物的內心世界，更不能把我自己的情緒套在他們的頭上。所以，我盡可能讓自己離他們近一點，再近一點，幫助你從最近的距離看看他們。這個過程有時候快樂，有時候也痛苦。

寫西芒托學院那一章的時候，我連續幾個晚上做噩夢，夢見自己飄蕩在中世紀的佛羅倫斯，撞見麥地奇家族的衛兵就驚醒了。重新睡去，夢見自己眞切地看到彼提宮的磚牆，觸摸到伽利略和西芒托學院的成員觸摸過的溫度，睡夢中竟然笑出聲來。寫完這章之後，我就再也沒有做過這樣的夢了。寫勒讓蒂那章的時候，我覺得自己快要窒息了。那種感覺就像整個身體泡在印度洋的波濤中，海水沒過我的頭頂，四周沒有陸地和島嶼，也沒有任何過往船隻。我根本不會游泳，自顧自感受著孤獨和絕望。我強迫自己從孤獨和絕望中掙脫出來，爲勒讓蒂寫下失敗中隱藏著的成就。勒讓蒂的兩位好朋友點亮了他絕望的航程，也點亮了我的寫作時光。寫韋伯的時候，寫到最後，我甚至有些羨慕這樣的失敗。我羨慕他在二戰中和死亡擦肩而過的傳奇，羨慕他爲了興趣更改方向的決心，羨慕他在別人只敢說說的情況下動手去做的勇氣，羨慕他遭遇的負面結果。即使眼前的技術失敗了，但一轉身，有家人，有學生，有記得自己的後生晚輩。我所認識的天文學家，都是面對失敗的勇士。

我們愛著這些人物，並不是因爲他們一直保持成功與正確，而是因爲他們在尋找自然眞相的道路上眞誠地哭哭笑笑。至於成功、知名、受封和獲獎，只是這場探尋之路上的過往景色。而失敗與錯誤，就像旅途之中的顛簸與泥濘。沒有顛簸與泥濘的道路缺少了太多的風情。我認識的天文學家，也都是風雨兼程的仰望者。

有些錯誤，透過謙卑的內心、勤奮的工作和智慧的探索，還有機會改正。但是，我還寫到了好多位天文學家，他們直到生命結束的那一刻，也沒能擺脫失敗的泥濘。他們的人生意義何在？勒讓蒂再也沒有機會重新觀測一次金星凌日，勒維耶一輩子也沒能找到他的祝融星，阿爾弗與赫爾曼沒能等來本屬於自己的諾貝爾物理學獎，韋伯不被世人信任後摔倒在實驗室外的雪地上……他們不值得被科學史銘記嗎？

他們當然值得被銘記。邱吉爾說得好，在失敗中跌跌撞撞而不失熱情，這就叫成功。某一位天文學家的某一次嘗試可能失敗，但一代又一代天文學家在星空下接力前行，充滿熱切，這就是天文學領域的成功。他們值得被銘記，因爲他們彼此之間眞誠地互動，形成一個天文學家的知識群體，這個群體經營著一張不大不小的人力網路。新思想和新發現都在這張網路上流動。麻省理工學院教授彭特蘭是穿戴設備之父，他提出：一個群體的共同智力與單個成員的智力無關，而與成員之間的互動有關。要建構群體的共同智力，就需要成員之間的思想交流。天文學家就是熱衷思想交流的群體。透過交流，錯誤被甄別，誤解被澄清，新的可能性被關注，競爭與合作都成爲可能。我所認識的天文學家，也是喜歡表達和傾聽的大師。

一本關於失敗的書能不能成功售出是挺重要的，但更重要的是，我重新認識了這些「擅長」失敗的人。

高爽

誰把冥王星變矮了？

潮汐才不是因為地球在轉、座鐘不能用來測量經度！
那些成功的天文學家背後，都有一場足以被深刻銘記的偉大失敗

作　　者　高　爽
審　　訂　李昫岱

發 行 人　林敬彬
主　　編　楊安瑜
編　　輯　林佳伶
封面設計　陳語萱
內頁編排　方皓承
行銷經理　林子揚
行銷企劃　戴詠蕙
編輯協力　陳于雯、高家宏

出　　版　大旗出版社
發　　行　大都會文化事業有限公司
11051 臺北市信義區基隆路一段 432 號 4 樓之 9
讀者服務專線：(02)27235216
讀者服務傳真：(02)27235220
電子郵件信箱：metro@ms21.hinet.net
網　　　址：www.metrobook.com.tw

郵政劃撥　14050529 大都會文化事業有限公司
出版日期　2024 年 04 月初版一刷
定　　價　380 元
I S B N　978-626-7284-49-0
書　　號　B240401

Banner Publishing, a division of Metropolitan Culture Enterprise Co., Ltd.
4F-9, Double Hero Bldg., 432, Keelung Rd., Sec. 1,Taipei 11051, Taiwan
Tel:+886-2-2723-5216 Fax:+886-2-2723-5220
Web-site:www.metrobook.com.tw
E-mail:metro@ms21.hinet.net

◎本書由中信出版集團股份有限公司授權繁體字版之出版發行。

本書如有缺頁、破損、裝訂錯誤，請寄回本公司更換。

國家圖書館出版品預行編目（CIP）資料

誰把冥王星變矮了？/高爽 著-- 初版. -- 臺北市
:大旗出版社出版:大都會文化事業有限公司發行,
2024.04 ;288面;14.8×21公分. (B240401)
ISBN 978-626-7284-49-0(平裝)

1. 天文學 2. 宇宙
320　　113002734